基于多源多尺度数据融合的黄河含沙量检测模型研究

刘明堂　著

中国水利水电出版社
www.waterpub.com.cn
·北京·

内容提要

本书主要对黄河含沙量检测方法和多源多尺度数据融合理论进行了研究和探讨。力求做到内容详实、层次分明、简洁实用，便于读者对知识的理解、掌握和应用。

本书共八章，内容有绪论、含沙量检测多源多尺度数据融合理论基础、悬浮含沙量测量原理及方法、音频共振法的含沙量检测多尺度融合模型、基于IGA-RBF的含沙量检测多传感器融合模型、基于Wavelet-Curvelet的含沙量多源多尺度融合模型、基于多模型融合的含沙量测量研究、结论与展望。

本书可作为河流泥沙工程类技术人员的参考书和自学用书。

图书在版编目（CIP）数据

基于多源多尺度数据融合的黄河含沙量检测模型研究/刘明堂著. -- 北京 : 中国水利水电出版社, 2018.6 （2024.8重印）
ISBN 978-7-5170-6529-6

Ⅰ. ①基… Ⅱ. ①刘… Ⅲ. ①黄河－含沙量－检测 Ⅳ. ①TV143

中国版本图书馆CIP数据核字(2018)第130516号

策划编辑：石永峰　责任编辑：封　裕　加工编辑：孙　丹　封面设计：李　佳

书　名	**基于多源多尺度数据融合的黄河含沙量检测模型研究** JIYU DUOYUAN DUOCHIDU SHUJÜ RONGHE DE HUANGHE HANSHALIANG JIANCE MOXING YANJIU
作　者	刘明堂　著
出版发行	中国水利水电出版社 （北京市海淀区玉渊潭南路1号D座　100038） 网址：www.waterpub.com.cn E-mail：mchannel@263.net（万水） sales@waterpub.com.cn 电话：（010）68367658（营销中心）、82562819（万水）
经　售	全国各地新华书店和相关出版物销售网点
排　版	北京万水电子信息有限公司
印　刷	三河市同力彩印有限公司
规　格	170mm×240mm　16开本　11.5印张　206千字
版　次	2018年8月第1版　2024年8月第3次印刷
印　数	0001－2000册
定　价	46.00元

前　言

实时检测黄河的含沙量及其分布等信息，可为黄河流域的水土保持、水质评价、河道清淤以及排水排沙等提供决策依据。然而，现有的高悬浮含沙量检测方法在信息的获取、环境影响的消除以及融合模型的构建等方面还存在诸多问题，目前尚无针对黄河高悬浮含沙量实时在线检测的有效方法。

随着水利信息技术的发展，多源多尺度数据融合研究已成为黄河含沙量在线检测和数据处理的主要方向之一。在黄河等高悬浮含沙量河流中建立含沙量自动检测系统，除与选用的传感器有关外，还要适应复杂检测环境及智能检测的需求，以保证检测系统的准确性和稳定性。现代传感器技术、多源数据融合理论、多尺度分析理论及水利信息可视化技术等，极大地提升含沙量检测的水平。因此，开展基于多源多尺度数据融合的含沙量检测研究具有重要的理论意义与实用价值。

本书首先分析和总结了现有的黄河含沙量检测方法和技术，研究了影响黄河含沙量在线检测的环境因素以及不同环境因素下的悬浮泥沙物理本质，论述了含沙量检测多源多尺度数据融合处理所需的理论基础。根据测量原理的不同，本书阐述了含沙量的直接测量方法和间接测量方法，给出了物理测沙的基本适用条件和主要影响因素，以及物理测沙的衡量指标。当高悬浮含沙量不同时，音频共振传感器表现出不同的共振频率。本书针对音频共振传感器这一特性提出了一种基于音频共振方法的含沙量检测多尺度贯序式卡尔曼-温度融合方法，用卡尔曼滤波器将含沙量信息和温度信息进行有机融合，再根据测量误差来动态调节小波分解层数，实现了基于音频共振方法的黄河含沙量多尺度动态检测。

本书重点研究了含沙量检测多源多尺度数据融合理论和技术，提出了一种利用改进遗传算法（IGA）优化 RBF 神经网络的方法，建立了基于 IGA-RBF 的多传感器非线性融合模型，将含沙量信息与温度、深度和流速值作为 RBF 网络的输入，并用遗传算法对 RBF 神经网络进行了优化，有效减小了环境因素对黄河含沙量检测的影响。本书还构建了基于电容差压法、音频共振法、超声波法和光电法等的黄河含沙量在线检测系统，提出了 Wavelet-Curvelet 的含沙量多源多尺度融合模型，采用基于 Wavelet 的多尺度分段标量加权融合方法对各个趋势项信息进行融合，同时用 Curvelet 变换来提取含沙量随温度变化的方向细节信息；最后建立了基于 Wavelet-Curvelet 的多源多尺度反演模型，将含沙量的趋势项信息和方向细节信息进行重构，实现含沙量多源多尺度最优融合处理。

本书进行了基于多模型（MM，Multiple Models）融合的含沙量测量研究，首先提出了基于 Kalman-BP 协同融合模型，进行了一元线性回归模型、多元线性回归模型、曲面拟合法、基于物联网的多传感器数据融合、基于 RBF 径向基神经网络融合方法和基于云计算的分布式灰色 GM(1,N)融合模型等的分析，并进行了误差分析比较。实验结果表明，基于多模型融合方法的含沙量测量误差较小，提高了高悬浮含沙量在线测量系统的精度。

本书的研究工作源于水利部黄河泥沙重点实验室开放课题基金项目：动床模型试验高悬浮含沙量检测方法研究（2017001）、基于数据融合的“模型黄河”含沙量在线检测系统（2012005）、黄河含沙量在线检测系统（2008006）等；河南省高等学校重点科研项目计划：基于物联网的南水北调高填方段渗漏监测研究（15A510003）；国家科技重大专项课题：面向南水北调工程安全的传感器网络技术研发（项目编号 2014ZX03005001）；2013 年河南省高校科技创新团队支持计划：水利信息检测与可视化（131RTSTHN023）。本书的相关成果“基于数据融合的高悬浮含沙量在线检测系统”获得了 2017 年河南省科技进步三等奖；“含沙量多量程在线检测系统设计”获得了 2014 年教育厅科技成果一等奖；“黄河含沙量在线检测系统”获得了 2012 年河南省科技进步二等奖。

本书由郑州大学张成才教授、黄河水利委员会黄河水利科学研究院的李黎总工、华北水利水电大学刘雪梅教授等审阅，他们提出了许多宝贵意见，对此我们表示衷心感谢。

由于作者能力有限，加之时间仓促，书中难免有些错误和不足之处，恳请各位专家和读者批评和指正，以期再版更正。

作 者

2018 年 1 月

目　　录

第 1 章　绪论

我国是世界上河流众多的国家之一，其中流域面积 100km^2 以上的河流多达 5 万条，流域面积 1000km^2 以上的河流多达 1500 条[1]。我国水土流失现象极其严重，导致我国大多数河流挟带大量悬浮泥沙，形成多泥沙河流。黄河就是典型的多泥沙河流，是世界上最复杂、最难治理的河流之一[2]。在黄河的水文测验和综合治理中，含沙量的实时检测就成为重要的组成部分[3]。本章首先阐述了黄河含沙量实时在线检测的研究背景，分析了在黄河及其流域库区、河口和海口"模型黄河"含沙量检测的重要性；简述了当前含沙量检测的技术和方法，分析了含沙量检测的发展动态；最后介绍了本书拟开展的研究内容、技术路线以及章节安排。

1.1　研究背景和意义

许多学者针对黄河干流及其支流的不同时间序列、不同研究区域的输沙量变化进行了研究分析[4,5,6]。实时检测黄河的含沙量、泥沙分布等信息，可为黄河的输沙量变化研究和泥沙管理提供决策依据[7]。由于黄河等多泥沙河流所蕴含的自然规律不同于一般的河流，用传统理论方法和技术手段进行含沙量测量研究存在较大困难；又因为黄河含沙量高、泥沙时空分布不均和环境变化显著，故黄河流域至今没有一种含沙量实时在线检测系统。目前黄河等多泥沙河流上的泥沙采样设备大多仍是传统的采样器，部分重要河段也只能获取低频次、低精度的含沙量传感器信息[8]。为了更好地研究黄河流域土壤侵蚀机理和水土流失治理的方法，就必须建立黄河含沙量在线实时检测系统。

小浪底水库是我国在黄河中游建设的用于防洪、供水、发电和调沙的大型水库之一。在小浪底水库水沙分级管理中，小浪底库区泥沙含量检测是其中的关键环节。黄河上游河流中挟带的泥沙，在到达小浪底库区时，将会出现不同程度的沉积。沉积的泥沙会在库区底部因凝聚而形成浮泥层。随着静置时间的延长，单位体积内的含水量减少而逐渐固实，库区底部浮泥层将成为库底的固结物组成部分。在实际的小浪底水库排水排沙管理中，为了掌握"蓄清排浑"的最佳时机，有效减少水库的泥沙淤积，需要对高含沙水流发生、增长、稳定、消退的全过程进行跟踪检测。因此，为了更好地跟踪检测高含沙水流变化过程，就必须实现含沙量的实时检测。但是，由于浮泥层的存在，同时又因为库区底部水草等水生植物的影响，小浪底库区含沙量检测已经成为一个难题[9]。

一般来说，淤积于河口海岸地区常见的浮泥也是一种流动性很大的高悬浮含沙水体[10]。浮泥沉积物的运动会影响生物栖息地、水质、浊度、海洋生化和海底形态 [11]。为研究浮泥的运动特性及改善海洋环境，有必要对浮泥的厚度、流变特性、密度等重要参数进行时空多分辨率观测[12]。国内外针对悬沙测量物理测试仪的研究已有较长的历史，理论成果及测量仪器种类繁多。但是由于浮泥层具有粒径极小和颗粒极轻的特点，浮泥层的测量要受诸多因素影响，目前还没有形成一套浮泥层测量的通用方法。

含沙量在线测量同时也是河工模型试验，特别是“模型黄河”试验中必不可少的测量要素。河工物理模型和数学模型的模拟技术是当今水利科学研究的主要手段[13]。按照河工模型试验相似条件的要求，采用实体概化模型试验对黄河河道及河口悬沙组成变化以及沿程含沙量变化进行试验研究，可为黄河综合治理提供技术支撑和理论指导[14]。由于“模型黄河”具有模型水流浅、含沙量大、边界复杂等原因，“模型黄河”试验都比一般水工模型实验要复杂。因此要想精确描述模拟效果，就要有高精度的模型量测工具[15]。但是，在“模型黄河”进行含沙量测量时，人工取样量测时会对模型水流产生干扰，影响试验拟真度；并且人工量测过程复杂，工作效率低。在河工原型上使用的振动法、声波法等含沙量检测仪器也存在对水流干扰大、不适于浅水中使用及含沙量量程有限等缺点，难以在模型上应用。因此，传统的含沙量量测方法和仪器难以满足“模型黄河”对含沙量量测提出的要求[16]。

综上所述，无论是黄河等高含沙河流的含沙量信息检测，还是小浪底库区、河口和海口的浮泥层检测以及一些河工模型试验，都需要对含沙量实现在线检测。然而，现有的含沙量检测方法在信息的获取、环境影响的消除以及模型的有机构建等方面还存在诸多问题，目前尚无针对黄河等多含沙量河流含沙量在线检测的有效方法。多泥沙河流泥沙自然规律的认识和掌握对含沙量检测系统的研发将具有重要的实际意义，其相关成果具有广阔的市场前景。因此，开展含沙量在线检测研究具有一定的研究背景，同时也具有重要的理论意义和实践意义。

1.2 国内外研究现状

含沙量检测主要是指对悬移、推移等输送方式的全沙进行检测。在含沙量检测方面，美国在 1947 年成立了泥沙委员会，完整地提出了悬移质、推移质、床沙、颗粒级配等分析仪器及常规的含沙量测验方法。这些仪器和方法被很多国家借鉴和采用，随后迅速在全世界得到普及。20 世纪 50 年代以来，我国的水文测验工作人员在含沙量检测方面开始了大量的研究和实验工作，先后研制了瞬时式、积时式等多种型号的悬浮含沙量取样仪器[17]。本书主要研究悬移质含沙量或悬浮含沙量的检测设备和检测方法。

悬浮含沙量取样仪器将样品经现场取样，再经过实验室称量后计算出含沙量测量值。悬浮含沙量取样设备在我国水文测验工作中发挥了重要作用，目前仍广泛用于基层水文站。近年来，随着生产力和科技的发展，出现了多种含沙量实时在线（现场）检测的先进仪器设备，这些新型仪器设备自动化程度高，能实现对河流含沙量的实时动态检测。为了更直观地研究河流含沙量测量技术，本章将对目前国内外常见的河流悬移质含沙量测验方法、原理进行介绍，首先对含沙量直接测量方法进行介绍，然后对含沙量间接测量方法进行阐述。

1.2.1 直接测量方法

含沙量直接测量法也是最原始的方法，其通过现场取样，然后通过过滤法、烘干法等方法将泥沙中的水除去，以确定其含沙量。含沙量直接测量法又可分为过滤法、烘干法和比重法等[18]。

比重法是一种较经典的方法。比重法可以用比重计，也可以用比重瓶等测量含沙量。采用比重瓶来测量含沙量的一般步骤为：首先用比重瓶进行取样，得出比重瓶装满水沙样品的质量；然后将比重瓶含沙时的总质量减去比重瓶本身的质量，得出沙样的质量；最后将沙样质量除以比重瓶的容积就得含沙量。由于比重瓶的质量和容积一般在实验前都测定好，所以烘干法相比，比重法测量过程要相对简单快速，但比重法较烘干法有一定的误差。

由于含沙量直接测量法设备简单、方法易行、精度较高，被认为是目前较为准确的含沙量测量方法之一。但由于含沙量直接测量法必须经过取样、去水、称重等环节，因此费时又费力；同时在取样时破坏了试验环境，不能定点、连续测量。含沙量直接测量法常被作为评价其他含沙量检测方法的标准。本书中含沙量检测工作将选择基于比重瓶的含沙量直接测量方法作为实验测定的标准。

1.2.2 间接检测方法

含沙量间接检测方法是通过泥沙的某些特性来确定含沙量的方法。间接检测法不破坏实验环境，是含沙量实时动态检测的最佳方法。多年来国内外的科技人员一直在积极探求含沙量的现代测试方法，如同位素法、振动法、光学法、声学法、电容法、遥感光谱分析法等[19,20,21,22,23,24]。

同位素法是用核放射性元素放射出一种高频高能电磁波（γ 射线或 X 射线），当 γ 射线穿透含沙水体时，其能量会被含沙量水体吸收而衰减的方法。γ 射线的减弱程度与放射源能量、含沙水体性质和含沙量有关系，并服从指数衰减关系。Berke 等通过实验发现核子测沙量仪将受到水体温度、电子原件的噪声等影响而存在误差[25]；Wren 等系统地推广了核子测沙量仪，进行了现场应用[26]；刘清坤利用 γ 射线法来测量河流泥沙含量，并进行了自动化的含沙量检测系统的研究[27]；黄河水利科学研究院李景修等人对 γ 射线测沙仪进行了实验研究[28]；南京水利科学研究院吴永进等人已先后研制出不同型号的 γ 射线含沙量检测仪器，并不断改进，提高了仪器稳定性和仪器分辨率，同时也实现了同步采集水深和泥沙浓度的速度，使整个测量数据更完整[29]。同位素法测量含沙量的效率高、量程较宽、稳定性好、较适应测量较大的含沙量。但是，同位素法的灵敏度很低，最适合测量的含沙量浓度应高于 1000 毫克/升。由于受放射源辐射问题的影响以及对于绿色环保的高要求，同位素法的推广应用受到了一定的影响。

振动法主要基于振动学原理。当含沙水体流经振动管时，振动管的谐振频率会随不同含沙量而发生改变。故含有不同含沙量的振动管就对应不同的振动周期，从而通过测得振动周期或者振动频率即可得到含沙量。王智进等人研制出振动法测沙仪，并对测沙仪进行了温度补偿等改进[30]。黄建龙等人利用虚拟仪器技术和网络通信技术，实现了振动式悬移质测沙系统实时数据的采集处理及其远程传输[31]。振动法实现了对含沙量快速、较准确的在线检测和记录功能，且测量范围比较广，受泥沙粒径变化的影响也小。振动式悬移质测沙仪易受环境温度影响，同时在低水流流速时，泥沙会淤堵在振动管内，造成较大误差。

光学法取决于光与沙粒的相互作用。当光通过挟沙水流时，由于吸收和散射作用，使透过光的强度减弱，依据光的吸收和散射的不同来测含沙量。光学法有光电测沙法和激光测沙法两种方法。光电测沙法是利用平行光束，其又可分为可见光光电测沙和红外光光电测沙两种。以光电法为原理的光电测沙仪已研制成功。You、Hoitink 等利用光学后向散射测沙仪（OBS，Optical Back Scattering）进行高含沙量测量[32,33]；Campbell 等设计了用于高悬浮含沙量测量的光纤透射在线测量仪（FIT，Fiber optic In-stream Transmissometer）[34]；Wren 等比较了光学后向散射测沙仪（OBS，Optical Back Scattering）、超声后向散射测沙仪（ABS，Acoustic Back Scattering）和激光透射测沙仪（Laser Diffraction）[35]；Ochiai 等设计了利用光学传感器的高含沙测量系统，利用一个光电传感器来测量透射光，另外一个光纤传感器用于测量背向散射光[36]。李二明等在河工模型试验中应用了光学后向散射测沙仪进行含沙量测量[37]。光电测沙仪具有连续测量、精度高、具有很好的线性关系等优点。但光电测沙仪与媒质的颜色有很大关系，同时光学测量的含沙量量程范围较窄，实际量程在 0～60kg/m^3。

激光测沙仪是基于激光衍射原理来进行含沙颗粒检测的。激光测沙仪能测出泥沙颗粒体积的浓度和粒度分布[38]。美国 Sequoia 科学仪器公司生产的 LISST 系列的激光粒度分析仪可测量悬沙含沙量、颗粒级配，其中部分仪器还可测量水深和水温[39]。Melis[40]、Topping[41]、Williams[42]、Soler[43]、Haun[44,45]、Guerrero[46]、Agrawal[47]等在水槽、河流、湖泊和水库等对激光测沙仪进行了实验室研究和实际应用。然而，上述激光测沙仪器的操作都是在静态模式下进行的，Stefan 等对激光测沙仪器 LISST 在静态和动态模式下进行实时运行对比研究[48]。Felix 等通过实验验证了便携式激光测沙仪在测量悬浮泥沙含量时受颗粒形状的影响[49]。近年来，我国也先后引进了激光粒度分析仪和激光测沙仪等激光类测沙设备。赵昕[50]等人应用激光类测沙仪在长江流域进行泥沙测验与研究，基本解决了激光类测沙仪在含沙量测验和颗粒级配间的问题。杜耀东[51]等利用现场激光粒度分析仪建立了三峡泥沙现场检测报汛系统，并改进了由激光粒度分析来推算含沙量的方法，提高了激光测沙仪推算含沙量的精确性和稳定性。苏杭丽[52]提出了含沙量光学测量中光密度非线性校正问题的解决方法，使用沉降粒径指标解决光学测量受粒径影响的难题。作为光学方法的激光类测沙仪，其优点是精度高；但其量程范围依然较窄。目前光学测沙仪只能实现定点的含沙量测量，不能实现多点及断面的含沙量在线测量。

声学法分超声反射法和衰减法两种试验方法。超声反射法是利用超声波在水体传播时遇到沙产生反射波，反射波与沙粒成比例，从而可测含沙量[53,54]。声学多普勒剖面仪（ADCP，Acoustic Doppler Current Profilers）已经有近 30 年使用历史，其可实现剖面流量的多点测量[55]；Moore 等利用超声波反向散射信号的幅度对悬浮含沙量进行了估值[56,57]。近几年，Simmons 使用测深系统实现了大范围测量悬浮含沙量[58]。Hurther[59]、Betteridge[60]、Landers[61]、Bolanos[62]等利用超声波实现了近河底床沙的测量。Hay 等利用 ADCP 实现剖面流量的多点测量[63]。O'Hara Murray 等使用二维和三维超声剖面仪（ARP，Acoustic Ripple Profiles），实现了更细分辨率的床沙测量[64]。我国也从 20 世纪 80 年代开始应用声学法来测量含沙量。张志林等应用声学多普勒流速仪 ADCP 进行输沙率测验，并在长江上游和中游进行了应用，取得了一定的效果[65]。但是到目前为止，国内还没有很成熟的声学含沙量检测仪器，一般都是引进国外的超声波含沙量检测仪器。

根据超声波在媒质中传播时受媒质散射、吸收以及超声波自身的扩散因素，其能量（振幅、声强等）随距离增大而衰减，这种方法叫超声衰减法。根据超声波在含沙水流中的衰减规律，利用传感器和二次仪表检测超声波在含沙水流中的衰减系数，经一定的变换后达到检测含沙量的目的。超声衰减法测量含沙量的应用较少，国内的仪器一般是在国外的仪器上改进而来的。Richards 等对超声波在浑水颗粒介质中的衰减进行了研究[66]。张叔英等研究了超声衰减检测机理，并研制了不同型号的超声波含沙量观测仪器，用于悬浮含沙量剖面的连续和实时观测，并且在长江口航道和小浪底水库的泥沙观测中得到了应用[67]。胡博采用超声吸收系数的"面积比值"测量法，提高了超声波检测精度[68]。吴新生等采用了德国的"超声光谱在线粒度分析系统"（OPUS，On-line Particle size analysis by Ultrasonic Spectroscopy），设计了先进的泥沙颗粒分析与含沙量自动量测控制试验平台[69]。声学法对低含沙量特别灵敏，且测量精度较高（精度可达 2%）。同时，基于超声波衰减法的含沙量检测设备一般都设计为钳形结构，避免受底部水草缠绕阻挡等情况发生。

电容法是用含沙水体做电容的介质。含沙量不同时其容值也不同，从而实现间接检测含沙量。李小昱等首次提出了电容法测量水流含沙量的测量方法，并研制了两种结构型式的电容传感器，尝试测量水流中泥沙含量与传感器输出之间的关系，以及温度、径流流速、土壤种类、土壤含盐量对传感器响应特性的影响，并研究了电容式水流泥沙含量传感器自校准技术[70]。Hsu 等也进行了基于电容传感器的含沙量检测研究[71]。然而，由于电容传感器的电子元器件（如电容、信号的频率、电容二极板的面积以及含沙水体的温度等）会影响到悬浮含沙量的测量，电容方法目前尚未得到广泛应用。张明社发现电容传感器测量泥沙含量时易受环境温度的影响，提出采用 BP 神经网络法对传感器进行数据融合处理来消除环境温度的影响[72]。Shen 等以电容传感器的泥沙测量值和环境温度作为网络的输入，并用 LM 算法来优化 BP 算法的权值从而提高了收敛速度[73]。

遥感光谱分析法是对悬沙水体进行遥感光谱反射率的测量，间接测量水体的含沙量。Mertes、Wang 等用卫星数据来估计悬浮泥沙含量[74,75]。但大多数遥感光谱分析法应用于水库、河口、湖泊和沿海环境的悬浮泥沙检测上，很少应用于河流含沙量检测上。Markham 等认为 Landsat 卫星可提供更广泛的空间和时间尺度的数据来估计悬浮含沙量[76]；Mangiarotti、Villar 等对用现场测量和 MODIS 卫星数据来估计河流悬沙含量进行了研究，并在亚马孙河和马德拉河进行了悬沙含量测量实验[77,78]。Irons、Loveland 等认为 Landsat/TM 数据在悬浮含沙量测量方面有更好的前景[79,80]。Montanher 等提出了从 Landsat 5 TM 提取数据来估算亚马逊河的悬浮含沙量[81]。王繁对河口水体悬浮物的固有光学性质及含沙量进行了遥感反演研究，获取了典型研究区水体悬浮物的固有光学性质特性，同时还了解了其时空变异幅度和变化规律，为发展准确度更高的卫星遥感分析模型打下了基础[82]。张宏对现场数据和 Landsat 5 TM 影像数据进行了处理，结合 BP 神经网络对长江口深水航道海域悬浮泥沙浓度进行了研究，取得了较好的效果[83]。

目前，含沙量间接测量方法还有差压法、B 超法、比热容法等。Sumi 等开发出一种新的基于差压变送器的悬浮泥沙测量系统[84]。该差压变送器可实现长期在线测量，同时适合高含沙量测量。然而，差压变送器只考虑了水体温度的影响，没有考虑到水体的冲击速度和深度对含沙量测量的影响。马志敏[85]、胡向阳[86]、Zou[87]等利用 B 超仪对水中悬浮沙粒成像而得到图像，再提取和分析图像信号的含沙量的特征。实验结果表明，含沙量特征量和 B 超成像面积与实际含沙量在一定范围内存在着良好的对应关系，利用这种关系可以实现低含沙量的测量。但粒径、材质和水流速度对 B 超法测量结果有一定的影响。同时，B 超法测量含沙量的量程很小（$10kg/m^3$ 以下），较适合在河工模型试验中低含沙量的测量。

综上所述，目前国内外的泥沙含量测量方法和设备较多，但每一种方法和设备都有各自的优缺点，见表 1.1。每一种方法和设备都应用在特定的含沙量测量领域。国内外含沙量检测方法的不足之处有：①含沙量测量设备易受环境因素的影响，如温度、流速等；②光电法、超声波法等易受泥沙颗粒粒径的影响；③有的含沙量检测仪器测量范围较小，不适合黄河高含沙量检测的需求；④有的含沙量检测仪器的测量精度不能随具体的测量需求而变化。

表 1.1　不同含沙量检测方法的优点和存在问题

测量方法	测量原理	优点	存在问题
直接法	经过取样、去水、称重等环节，直接计算出含沙量	设备较简单，测量速度较快，精度高	耗时耗力，取样时破坏了试验环境，不能自动测量
同位素法	γ 射线与 X 射线穿透含沙水体时发生反射或者透射衰减	自动测量，效率较高，量程较宽，稳定性好	放射源辐射防护，推广受到影响
振动法	振动管的谐振频率随不同含沙量而发生改变	自动测量，精度较高，测量范围较宽，受泥沙烂径变化的影响较小	易受环境温度影响，在低水流流速（小于 0.5m/s）时泥沙会淤堵在振动管内
光学法	当光通过挟沙水流时会被吸收和散射，不同含沙量光的吸收和散射不一样	自动测量，精度高，同时也能测量粒径	受媒质颜色和粒径影响，量程较窄，成本高
声学法	利用声波的反向散射或衰减来确定含沙量和粒度分布	自动测量，精度较高，能实现多点和剖面测量	国内无成熟产品，国外价格贵、测量范围小

续表

测量方法	测量原理	优点	存在问题
电容法	用含沙水体当电容的介质，含沙量不同，其容值也不同	自动测量，量程较宽，低流速环境测量效果好	受温度影响大，同时也受流速的影响
遥感光谱分析法	遥感监测到水体的反射和折射光，不同含沙量反射和折射的光谱不一样	实现非接触、大面积测量	分辨率较低，河流含沙量监测适用性较差，受粒度影响

在多泥沙河流上建立含沙量在线检测系统，除与选用的传感器有关外，还要适应复杂的环境及智能检测的需求，以保证检测系统的准确性和稳定性。因此，本书所要解决的主要问题首先是要继续寻找具有现代检测技术的高精度传感器或者对原有的传感器进行改进，能对含沙量信息进行智能感知；然后综合考虑多种环境因素的影响，进行多传感器数据融合处理，以保证含沙量检测系统的准确性和稳定性；最后，能进行多尺度测量估计处理，来满足在不同精度和不同场合下进行含沙量多尺度测量的需求。

1.2.3 含沙量检测的发展动态分析

1.2.3.1 基于物联网的在线检测技术

应用物联网技术开展含沙量在线检测是未来的发展方向。作为新兴的研究领域，物联网是将各种信息传感设备，如射频识别（RFID）装置、红外感应器、全球定位系统、激光扫描器等，与互联网结合起来，并能进行识别、定位和控制。将物联网应用于多泥沙河流的含沙量检测，解决高含沙河流含沙量检测的各项现实或潜在的环境干扰问题，将是物联网技术服务于水利行业重大工程、服务于国民经济的一大例证[88]。近几年，日本的 Yamada 等利用物联网技术对滑坡进行了各种模式的远程自动化检测[89]；加拿大新不伦瑞克大学的 DIMONS 预警系统已成功应用到了加利福尼亚州钻石湖的检测中[90]；韩国的 Lee 等设计的 KTMOS 高铁险道检测系统也取得了不错的效果[91]。我国也开始应用物联网技术实现远程信息检测和传输。沈彩平进行了关于物联网的水文检测系统设计分析，应用 ZigBee 技术和 GPRS 技术实现了小范围内水文检测的高效化和智能化信息检测及无线传输[92]。马茜等提出一种基于数据质量的异构多源多模态感知数据获取方法，根据用户给定的任意精度，有效获取物联网上的异构多源多模态数据[93]。

为满足多泥沙河流含沙量检测的可靠性高、简单易行、便携测量，同时又要实现在线检测的设计原则，本书拟研究基于物联网的含沙量在线检测系统，对分散在物联网上的水温、深度和流速等传感器集成进行融合处理，达到减小环境因素带来的误差、提高含沙量检测的精度的目的。本系统重点解决适应在线检测的含沙量智能传感器研制、含沙量检测模型构建和检测信息系统设计等关键技术问题。

1.2.3.2 多传感器数据融合方法

目前，多源数据融合也可称为多源信息融合，一般定义为按时间序列获取的一个或多个传感器的测量信息，利用计算机和现代信息处理等技术，按照一定准则加以分析、优化、估计和决策等过程[94]。多传感器数据融合技术是近几年来发展起来的一门应用性较强的技术，涉及到信号处理、概率统计、信息论、模式识别、人工智能、模糊数学等理论。

近年来，多传感器数据融合技术无论在军事还是民事领域的应用都极为广泛。多传感器融合技术已成为军事、工业和高技术开发等多方面关心的问题。这一技术广泛应用于 C3I（Command,Control,Communication and Intelligence）系统、复杂工业过程控制、机器人、交通管制、惯性导航、海洋监视和管理、农业、遥感遥测、医疗诊断、图像处理等领域。20 世纪 80 年代，美国成立了信息融合专家组，对相关的技术研究进行组织和指导，美国国防部把信息融合列为重点研究开发的关键技术。除军事应用外，20 世纪 90 年代以来，多传感器数据融合技术在国内外得到了广泛的发展和应用，许多学者致力于多传感器数据融合结构[95,96]、融合技术[97,98,99,100,101]等领域的理论研究和应用研究。如今，多传感器数据融合技术在机器人[102,103]、医疗[104]、车辆[105]、导航[106,107]、水利信息检测[108]等领域都得到了广泛应用。

信息融合算法可以分为随机和人工智能两大类，随机类方法可以应用于各级融合算法中，而人工智能算法一般应用于较高层次的融合[109]。目前，信息融合仍是一项正在发展中的技术，多传感器信息融合技术的主要发展方向是基础理论的研究、算法和模型的研究、推理系统研究及应用研究[110]。信息融合技术可以有效地利用多源信息资源，提高系统的整体性能。因此，应用信息融合技术使含沙量测量方法及设备能够适应黄河的高含沙量测量，具有测量范围宽、稳定性好及不易受环境因素影响等优势，将具有重要的研究意义。

在采用电容传感器测量泥沙含量的过程中，电容传感器的输出值受环境温度的影响较大，为消除温度对测量数据的影响，提出了采用人工神经网络法对传感器进行数据融合处理的方法。该方法以传感器的泥沙含量值与温度值作为网络的输入，通过对网络的训练达到消除非目标参量——温度的影响。

神经网络是人工智能领域发展最快的信息处理技术之一，它的功能表现在描述和表征自然界大量存在的非线性本质的形态、现象中具有其他学科难以比拟的优势。BP 网络是神经网络中最常用的一种，是单向传播的多层前向网络。输入信号从输入层节点依次传过各隐层节点，然后传到输出节点，每一层节点的输出只影响下一层节点的输出。理论证明：具有偏差和至少一个 S 型隐层的 BP 网络，能够逼近任何有理函数。因此利用 BP 网络的这一特性，采用人工神经网络对试验数据进行融合处理。在测量泥沙含量时，影响电容传感器的交叉灵敏度的因素是温度，故必须对传感器的数据进行融合处理。

多传感器在试验过程中输出两个电压值 U 与 U_i。由于受温度的影响，U 并不是 S 的单值函数，即 $U = g(S,U_i)$；另一输出量 $U_t = S_i(T)$，S 为被测泥沙含量，T 为测量温度。

数据融合部分是由软件实现的 BP 网络算法模型，其中输入量 X_1 和 X_2 分别为 U 和 U_t，输出为 S_i，S_i 即为融合后的泥沙含量，且 S_i 仅为 S 的单值函数。在温度波动的情况下，系统输出 S_i 以某个允许误差逼近被测目标——S。

1.2.3.3 多尺度融合估值理论

自然界中，许多物理事物都具有不同尺度（分辨级）的特性，并且人们也是在不同尺度上对其进行检测的[111]。在多尺度分析中，细尺度数据的分辨率是其粗尺度数据分辨率的 2 倍，数据长度也为粗尺度数据的 2 倍[112]。多尺度数据融合是多传感器数据融合的重要内容之一。多尺度融合理论为研究传统意义下的融合估计方法提供了全新的思想，并在地球物理学探测、水利信息检测、全球海洋模型和多传感器融合等领域取得了许多有意义的结果[113]。

国外对多尺度信息融合的研究起步较早，目前已成为较完整的体系。麻省理工学院的 A.S.Willsky 教授、法国数学家 R.Nikoukhah 和 A.Benveniste 于 1990 年 12 月提出了多尺度系统理论（MST，Multiscale System Theory）[114]。随后以 Willsky 为首的研究小组开展了广泛的研究。Chou 等受小波变换理论和多尺度表达的启发，把多尺度框架引入估计和数据融合中，并给出有效的计算算法[115]。此外，美国莱特州立大学的 Hong[116]等也作了非常有价值的研究。目前，多尺度估计方法已有效应用于各种大规模静态估计问题中，如光流计算、海洋测高数据融合和地表水文学。Suresh[117]等应用多尺度数据融合的方法对工程化表面计量领域进行了多尺度效果评价。Aaron[118]应用多尺度自适应分割算法对遥感图像进行了边界分割。

国内很多学者也在进行多尺度分析和多尺度融合方面的研究。杨志等重点研究了用于目标识别的数据融合技术中的分层融合算法并讨论了其性质[119]。文成林等近年来一直从事多尺度随机建模及应用领域的研究工作，主要针对建立多尺度估计理论框架、多尺度模型的滤波、多尺度随机建模及其应用进行研究[120]。柯熙政等从20世纪90年代末开始对小波多尺度分解及多尺度数据融合技术进行研究，并取得了一些成果[121,122]。Guo提出了基于BP多传感器数据融合算法，并且建立了多尺度模型预测模型[123]。张艳艳[124]对黄河水沙及河床的演变进行了多时间尺度研究，探讨了不同时间尺度下平滩流量与水沙条件的关系及计算方法，但没有对黄河含沙量的多尺度测量和多源数据进行融合分析。

1.3 研究内容及技术路线

1.3.1 研究内容

本书旨在研究基于多源多尺度的含沙量检测融合模型，设计了以悬浮含沙量为检测对象的在线检测系统，研究的内容如下：

（1）总结当前含沙量检测的方法，分析了影响黄河含沙量在线检测的环境因素，研究不同因素下的悬浮泥沙物理本质，论述含沙量检测多源多尺度数据融合处理所需的理论基础，为含沙量检测系统的研发提供理论技术支撑。

（2）研究基于物联网的黄河含沙量在线检测系统设计，以电容差压方法、音频共振法为例，建立含沙量测量的物联网模型，研究物联网中的数据融合技术；以悬浮泥沙为研究对象，进行含沙量检测、含沙水流流速及水温和深度等信息的提取，将物联网和多传感器数据融合技术应用到黄河水信息检测和管理中。

（3）根据悬浮含沙量在线测量原理的不同，阐述了含沙量测量的直接测量方法和间接测量方法。重点介绍了射线法、红外线法、超声法、振动法、激光法、电容法、压差法和超声波法等，详细讲解了含沙量检测方法、技术及其理论依据，最后还给出了物理测沙的基本适用条件、主要影响因素及衡量指标，为含沙量在线检测提供了参考。

（4）根据泥沙检测的实际需要，研究基于神经网络的含沙量多源数据融合处理，对多传感器数据进行融合处理，来提高含沙量检测的精度和稳定性。本书将系统地研究一些典型的数据融合算法，如卡尔曼滤波法、小波多尺度分析、曲波多尺度变换、遗传算法、神经网络等，对水温、水深、流速、含沙量等多种信息进行融合分析，并以粉煤灰和黄土为媒质进行含沙量在线检测实验。

（5）研究黄河含沙量多源多尺度数据融合理论，构建多传感器对同一检测目标的多尺度动态融合估值模型，从时频分析角度出发，首先把含沙量时间序列用卡尔曼滤波方程对含沙量信息进行估值，同时考虑温度对卡尔曼方程的控制作用；然后对卡尔曼滤波方程的估值用小波分解和重构，实现了卡尔曼滤波和多源数据融合功能。

（6）进行基于多模型融合的含沙量测量研究，针对黄河含沙量测量易受环境因素影响而导致测量结果不准确的问题，首先提出了基于 Kalman-BP 协同的融合模型；进行一元线性回归模型、多元线性回归模型、曲面拟合法、基于物联网的多传感器数据融合、基于 RBF 径向基神经网络融合方法和基于云计算的分布式灰色 GM(1,N)数据融合技术的含沙量数据处理模型的研究；并进行误差分析，比较多模型融合的含沙量测量结果的精度和稳定性。

（7）应用物联网技术构建含沙量在线检测平台和无线传输网络，实现含沙量检测的异构数据集成，在 LabVIEW 软件平台上设计含沙量信息检测系统，实现数据获取、多尺度分析、融合处理、数据存取、数据交换等，并将此系统应用于黄河含沙量在线检测中，检验系统的可靠性和准确性，并检验本书提出的含沙量检测的理论与方法。

1.3.2 技术路线

本书以基于物联网技术的含沙量信息智能感知为研究对象，研究多源多尺度含沙量测量数据融合处理基础理论，综合应用了信息获取技术、计算机技术和水利信息处理技术。本书的技术路线由三部分组成：基于音频共振法的多尺度贯序式卡尔曼-温度融合模型、多传感器 IGA-RBF 融合模型和含沙量多源多尺度 Wavelet-Curvelet 融合模型。含沙量信息获取部分由基于电容差压方法和基于音叉共振方法的含沙量传感器获取含沙量数据，经过卡尔曼滤波后进行数据处理和特征提取。多传感器数据融合处理部分将应用卡尔曼滤波、遗传算法、RBF 神经网络等进行多源数据融合处理，将含沙量信息与温度、深度和流速等作为融合模型的输入，消除多种环境因素的影响。含沙量多源数据多尺度分析部分应用了基于小波（Wavelet）和曲波（Curvelet）分析的多尺度融合理论，构建了多传感器对同一检测目标的动态多尺度分析模型，并对不同的频率基进行小波重构，得到融合后的含沙量测量的时间序列被重新描述。本书的技术路线如图 1.1 所示。

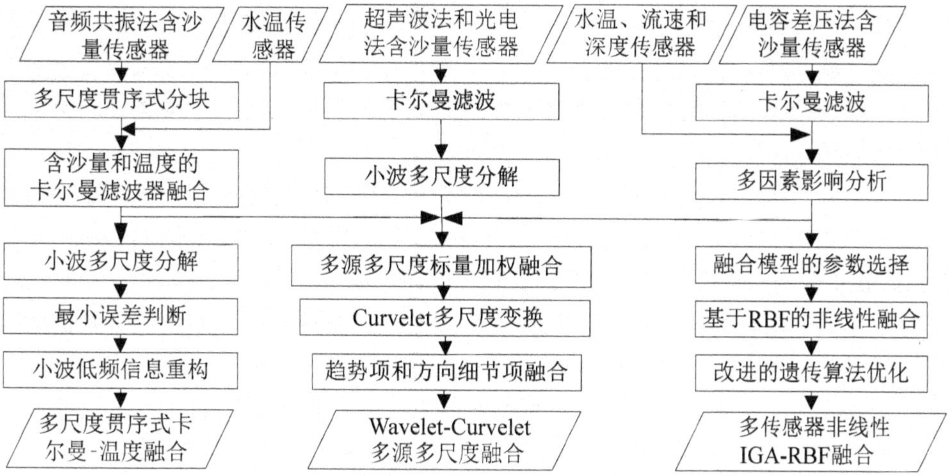

图 1.1 本书技术路线

1.4 本书组织结构及章节安排

本书由 7 个章节组成，其结构安排如下。

第 1 章 绪论：论述了论文选题的背景及意义。首先在大量收集和阅读文献的基础上，分析了国内外含沙量检测及多源多尺度融合处理理论的研究现状，总结了当前含沙量检测技术的优点和不足之处，对含沙量检测理论和技术的发展趋势进行了分析。并在此基础上，提出本书的主要研究内容、技术路线和章节安排。

第 2 章 含沙量检测多源多尺度数据融合理论基础：详细介绍了多源数据融合和多尺度分析的数学方法，并介绍了卡尔曼滤波理论、小波变换和曲波变换等，为含沙量检测系统的设计提供理论支撑。

第 3 章 悬浮含沙量测量原理及方法：根据测量原理的不同，本章介绍了含沙量测量方法，阐述了含沙量测量的直接测量方法和间接测量方法。直接测量方法重点介绍了烘干法和比重法；间接测量方法有射线法、红外线法、超声法、振动法、激光法、电容法、压差法和超声波法等。详细讲解了含沙量检测方法和技术及其理论依据，最后还给出了物理测沙的基本适用条件、主要影响因素及衡量指标，为含沙量在线检测提供了参考，并为开展黄河泥沙含量检测指明了研究方向，为实际的含沙量检测工作提供了指导。

第 4 章 音频共振法的含沙量检测多尺度融合模型：在研究卡尔曼滤波、小波变换理论和动态多尺度系统理论的基础上，建立了一种基于音频共振法的含沙量测量多尺度反演模型，首先阐述了音频共振法的含沙量测量原理，然后建立了一种多尺度贯序式卡尔曼-温度融合模型，在进行卡尔曼滤波时直接进行温度补偿融合，最后根据误差最小准则来动态调节离散小波的分解层数，构建含沙量多尺度测量模型。

第 5 章　基于 IGA-RBF 的含沙量检测多传感器融合模型：研究了基于电容式差压法（CDP，Capacitive Differential Pressure）的黄河高悬浮含沙量（HSSC，High Suspended Sediment Concentration）检测方法，讨论了温度、深度和流速等环境因素对电容式差压传感器的影响，然后建立基于径向基神经网络的非线性数据融合算法，并用改进的遗传算法对 RBF 神经网络进行参数优化，设计了基于 PLC（Programmable Logic Controller，可编程逻辑控制器）的硬件平台。

第 6 章　基于 Wavelet-Curvelet 的含沙量多源多尺度融合模型：本章进行了含沙量多源多尺度融合模型研究，重点研究了基于 Wavelet-Curvelet 的多源多尺度的最优融合问题，建立了多源含沙量信息分解模型；然后采用基于小波的多尺度融合分析法来提取趋势项信息，并建立多尺度分段标量加权线性最小方差融合准则，对各个传感器的趋势项进行融合；同时采用曲波变换来提取含沙量随温度变化的方向细节信息；最后建立基于 Wavelet-Curvelet 多源多尺度反演模型，实现了含沙量多源多尺度最优融合处理。

第 7 章　基于多模型融合的含沙量测量研究：本章研究了基于多模型的含沙量在线检测算法，针对黄河含沙量测量易受环境因素影响而导致测量结果不准确的问题。首先提出了基于 Kalman-BP 协同的融合模型，将含沙量传感器和水温、深度和流速等传感器输出值经过卡尔曼滤波器进行滤波处理，并对含沙量传感器进行估值；然后经 BP 神经网络模型对含沙量信息的估计值和环境量信息值进行多传感器数据融合。本章还研究了一元线性回归模型、多元线性回归模型、曲面拟合法、基于物联网的多传感器数据融合、基于 RBF 径向基神经网络融合方法和基于云计算的分布式灰色 GM(1,N)数据融合技术的含沙量数据处理模型，并进行了误差分析比较。实验结果表明，基于多模型融合方法的含沙量测量误差较小，并提高了高悬浮含沙量在线测量系统的精度。

第 8 章　结论和展望：对本书工作进行总结，概述了本书的主要研究结论和工作中的创新与特色；指出本书研究工作的不足，并对今后工作的研究方向进行了展望。

第 2 章　含沙量检测多源多尺度数据融合理论基础

本章主要阐述含沙量测量多源多尺度数据融合处理所需的理论基础，包括多传感器融合和多尺度分析的理论基础。首先建立黄河含沙量多源多尺度融合检测的基本性质；接着阐述了卡尔曼最优滤波基本方法和多传感器融合理论，研究按标量加权的多传感器线性最小方差最优融合模型；最后介绍了多尺度分析方法，重点介绍了小波和第二代 Curvelet 的多尺度分析，为含沙量检测多源多尺度融合处理提供理论依据和方法指导。

2.1　含沙量多源多尺度融合的基本性质

将含沙量检测传感器的多源信息作为状态方程的状态变量，可建立含沙量检测的状态方程和融合方程；再结合小波变换的多尺度单调性和伸缩性，可实现多尺度分析功能；最后建立误差最小准则，使含沙量检测模型达到最优融合。设空间 $L^2(R)$ 内的多源多尺度融合是指构建了 $L^2(R)$ 空间的一个子空间列 $\{V_j, j\in Z\}$，使它具有下列性质[125]：

（1）状态融合性。

$$x(k+1)=\boldsymbol{A}(k+1,k)x(k)+\boldsymbol{G}(k+1,k)u(k)+\boldsymbol{\Gamma}(k+1,k)w(k) \tag{2.1}$$

（2）可观测性。

$$z(k)=\boldsymbol{C}(k)x(k)+y(k)+v(k) \tag{2.2}$$

（3）多尺度单调性。

$$\dots\subset V_{-2}\subset V_{-1}\subset V_0\subset V_1\subset V_2\subset\dots \tag{2.3}$$

（4）多尺度伸缩性。

$$\phi(t)\in V_j \Leftrightarrow \phi(2t)\in V_{j+1}，\ \forall j\in Z \tag{2.4}$$

（5）状态检测的最优性。

$$E\{[x(k+1)-\hat{x}(k+1|k)]^{\mathrm{T}}[x(k+1)-\hat{x}(k+1|k)]\}=\min \tag{2.5}$$

式(2.1)和式(2.2)为卡尔曼滤波方法的基本方程。式(2.1)中，$x(k)$ 和 $x(k+1)$ 分别为 k 时刻和（k+1）时刻的传感器状态输入变量。$A(k+1,k)$ 为状态输入的变换矩阵，$G(k+1,k)$ 为控制向量输入转换矩阵，$u(k)$ 为控制向量，$\Gamma(k+1,k)$ 为状态输入噪声序列的矩阵。

式（2.2）中，$z(k)$ 为含沙量实际的测量值，$y(k)$ 为观测系统的系统误差项。当不考虑控制信号的作用时，$u(k)$ 和 $y(k)$ 可为零。$w(k)$ 和 $v(k)$ 分别为状态方程和测量方程的噪声序列。在动态高悬浮含沙量检测模型中，由于各个传感器（检测点）在单位采样时间内取值都是唯一的，且反映了含沙量相关信息，因此可将各含沙量传感器产生的信息进行融合处理。

式（2.3）和式（2.4）反映了小波分析的多尺度性质。式（2.3）为多尺度分析的单调性，表达了子空间列的包含性。式（2.4）表明多尺度分析的可伸缩性。式（2.5）中，$\hat{x}(k+1|k)$ 是 $x(k+1)$ 的估计值。当估计误差最小时，$\hat{x}(k+1|k)$ 的估计是最优的。下面将依据这五个公式来推导含沙量检测的多源多尺度数据融合的公式。

2.2 卡尔曼最优滤波方程

卡尔曼滤波方法是一个最优化自回归数据处理算法（Optimal Recursive Data Processing Algorithm），已经广泛应用于机器人导航、自动控制、目标识别与跟踪等[126]领域。式（2.1）和式（2.2）中，假定 $w(k)$ 和 $v(k)$ 都是均值为 0 的高斯白噪声向量，其统计性质为

$$\left.\begin{aligned}\boldsymbol{E}\{w(t)w(\tau)^{\mathrm{T}}\}&=\boldsymbol{Q}(t)\delta(t-\tau)\\ \boldsymbol{E}\{v(t)v(\tau)^{\mathrm{T}}\}&=\boldsymbol{R}(t)\delta(t-\tau)\\ \boldsymbol{E}\{w(t)v(\tau)^{\mathrm{T}}\}&=\boldsymbol{S}(t)\delta(t-\tau)\end{aligned}\right\}\tag{2.6}$$

式中：$\boldsymbol{Q}(t)$ 是对称的非负定对称阵；$\boldsymbol{R}(t)$ 是正定对称阵；$\boldsymbol{S}(t)$ 为 $w(k)$ 和 $v(k)$ 的协对称阵。其中，狄拉克函数 $\delta(t-\tau)$ 具有以下性质：

$$\delta(t-\tau)=\begin{cases}0, & t\neq\tau\\ \infty, & t=\tau\end{cases},\quad \int_{-\infty}^{+\infty}\delta(t-\tau)\mathrm{d}t=1\tag{2.7}$$

状态向量的初始值 $X(0)$ 的统计特性为

$$\left.\begin{aligned}&\boldsymbol{E}\{x(0)\}=m_0\\ &\boldsymbol{E}\{[x(0)-m_0][x(0)-m_0]^T\}=P_0\end{aligned}\right\}\tag{2.8}$$

$z(0), z(1), \ldots, z(k)$ 为已知的观测序列，要求找出 $x(k+1)$ 的最优线性估计：

$$\hat{x}(k+1|k+1)=\boldsymbol{E}\{x(k+1)|z(0),z(1),\ldots,z(k+1)\}\tag{2.9}$$

使得估计误差 $\tilde{x}(k+1|k+1)=x(k+1|k+1)-\hat{x}(k+1|k+1)$ 的方差最小，即

$$E\{[\tilde{x}(k+1|k+1)]^{\mathrm{T}}[\tilde{x}(k+1|k+1)]\}=\min \tag{2.10}$$

要求估计值 $\tilde{x}(k+1|k+1)$ 是 $z(0)$, $z(1)$,…, $z(k)$ 的线性函数，同时也是无偏估计，即

$$E\{\tilde{x}(k+1|k)\}=E\{x(k+1)\} \tag{2.11}$$

当新的观测值 $z(k+1)$ 到来时，将对 $\hat{x}(k+1|k)$ 进行更新，得到最优估计值 $\hat{x}(k+1|k+1)$ ，可设

$$\hat{x}(k+1|k+1)=\hat{x}(k+1|k)+\boldsymbol{K}(k+1)\tilde{z}(k+1|k) \tag{2.12}$$

其中

$$\tilde{z}(k+1|k)=z(k+1)-\hat{z}(k+1|k)=\boldsymbol{C}(k+1)\tilde{x}(k+1|k)+v(k+1) \tag{2.13}$$

所以

$$\hat{x}(k+1|k+1)=\hat{x}(k+1|k)+\boldsymbol{K}(k+1)\cdot[\boldsymbol{C}(k+1)\tilde{x}(k+1|k)+v(k+1)] \tag{2.14}$$

其中， $\boldsymbol{K}(k+1)$ 为待定的最优增益阵，可利用正交定理确定。

而由式（2.1）直接得

$$\hat{x}(k+1|k)=\boldsymbol{A}(k+1)\hat{x}(k|k)+\boldsymbol{G}(k+1,k)u(k) \tag{2.15}$$

再由式（2.14），得滤波误差

$$\begin{aligned}\tilde{x}(k+1|k+1)&=x(k+1)-\hat{x}(k+1|k+1)\\&=x(k+1)-\{\hat{x}(k+1|k)+\boldsymbol{K}(k+1)\cdot[\boldsymbol{C}(k+1)\tilde{x}(k+1|k)+v(k+1)]\\&=\tilde{x}(k+1|k)-\boldsymbol{K}(k+1)\cdot[\boldsymbol{C}(k+1)\tilde{x}(k+1|k)+v(k+1)]\end{aligned} \tag{2.16}$$

结合正交定理， $\boldsymbol{E}\{\tilde{x}(k+1|k+1)z^{\mathrm{T}}(k+1)\}=0$ ，即

$$\begin{aligned}&\boldsymbol{E}\{\tilde{x}(k+1|k+1)z^{\mathrm{T}}(k+1)\}=E\{[\tilde{x}(k+1|k)-K(k+1)\\&\times[\boldsymbol{C}(k+1)\tilde{x}(k+1|k)+v(k+1)]]\\&\times[\boldsymbol{C}(k+1)\hat{x}(k+1|k)+\boldsymbol{C}(k+1)\tilde{x}(k+1|k)+y(k+1)+v(k+1)]^{\mathrm{T}}\}\\&=P(k+1|k)\boldsymbol{C}^{\mathrm{T}}(k+1)-\boldsymbol{K}(k+1)\times[\boldsymbol{C}(k+1)P(k+1|k)\boldsymbol{C}^{\mathrm{T}}(k+1)+R(k+1)]=0\end{aligned} \tag{2.17}$$

直接得到

$$\boldsymbol{K}(k+1)=\boldsymbol{P}(k+1|k)\boldsymbol{C}^{\mathrm{T}}(k+1)\times[\boldsymbol{C}(k+1)\boldsymbol{P}(k+1|k)\boldsymbol{C}^{\mathrm{T}}(k+1)+\boldsymbol{R}(k+1)]^{-1} \tag{2.18}$$

$\boldsymbol{P}(k+1|k)$ 和 $\boldsymbol{P}(k+1|k+1)$ 分别是滤波估计的误差协方差，得

$$\boldsymbol{P}(k+1|k)=\boldsymbol{A}(k+1,k)\boldsymbol{P}(k|k)\boldsymbol{A}^{\mathrm{T}}(k+1,k)+\boldsymbol{\Gamma}(k+1,k)\boldsymbol{Q}(k)\boldsymbol{\Gamma}^{\mathrm{T}}(k+1,k) \tag{2.19}$$

$$\begin{aligned}\boldsymbol{P}(k+1|k+1)&=[\boldsymbol{I}-\boldsymbol{K}(k+1,k)\boldsymbol{C}(k+1)]\boldsymbol{A}(k+1,k)\boldsymbol{P}(k|k)\cdot\boldsymbol{A}^{\mathrm{T}}(k+1,k)\\&[\boldsymbol{I}-\boldsymbol{K}(k+1)\boldsymbol{C}(k+1)]^{\mathrm{T}}+\boldsymbol{\Gamma}(k+1,k)Q(k)\boldsymbol{\Gamma}^{\mathrm{T}}(k+1,k)+\boldsymbol{K}(k+1,k)\boldsymbol{R}(k)\boldsymbol{K}^{\mathrm{T}}(k+1)\end{aligned} \tag{2.20}$$

这样，利用式（2.14）、式（2.15）、式（2.18）、式（2.19）和式（2.20）即可计算任意 $k+1$ 的状态变量最优估计值 $\hat{x}(k+1|k+1)$。

2.3 多传感器融合理论

多传感器信息融合方法主要有加权平均法、数理统计法、证据决策理论、卡尔曼滤波法、自适应神经网络法等[127,128]。Dong 等研究了分布式多传感器网络存在乘性噪声的非线性数据融合模型，但此算法计算量大，不适用于实时应用[129]。Feng 等建立了多传感器递归卡尔曼融合模型，对自相关观测噪声和数据包丢失进行了处理，然而这些滤波器应用了固定的卡尔曼滤波形式[130]。

在线性加权法信息融合状态估计方面，Li 等在最小方差意义下提出了线性加权融合准则，为线性状态融合的研究奠定了基础[131,132]。Sun 等提出了按矩阵加权的最优信息融合准则[133]，假设所有估计误差的相关性，对于奇异的互协方差矩阵的情况采用了局部估计，但融合估计误差较大，且计算量大。

近年来，小波变换被引入到信号处理中。利用小波变换将信号的分析建立在不同尺度上，可以有针对性地选取信号中有用的信息并进行滤波估计。Hong 等针对具有不同分辨率的多传感器系统滤波估计，提出动态的多分辨率分布式滤波算法，有效地提高了状态估计精度[134,135]。孙书利等提出多传感器标量加权最优信息融合稳态卡尔曼滤波模型[136]，考虑了局部估计误差的相关性，避免了加权矩阵的计算，从而便于实时应用。Tian 等提出了线性最小方差的集中式最优融合估计模型，解决了多传感器随机不确定系统的自相关和互相关噪声的信息融合问题[137]。本节将重点介绍按标量加权的多传感器线性最小方差最优融合模型，为后续章节的含沙量数据多源融合打下理论基础。

2.3.1 多传感器融合模型建立

在多传感器离散数据融合系统中，当不考虑控制信号作用时，$u(k)$ 和 $y(k)$ 为 0，式（2.1）和式（2.2）可写为

$$x(k+1)=\boldsymbol{A}(k+1,k)x(k)+\boldsymbol{\Gamma}(k+1,k)w(k) \tag{2.21}$$

$$z_i(k)=\boldsymbol{C}_i(k)x(k)+v_i(k),i=1,2,\ldots,l \tag{2.22}$$

式中：状态量 $x(k)\in R^n$；观测量 $z_i(k)\in R^{m_i}$；白噪声 $w(k)\in R^r$；$v_i(k)\in R^{m_i}$；$\boldsymbol{A}(k+1,k)$、$\boldsymbol{\Gamma}(k+1,k)$ 和 $\boldsymbol{C}_i(k)$ 是一定维的常数阵列。

假设 1：$w(k)$ 和 $v_i(k)$ 是零均值、方差阵各为 Q_i 和 R_i 的独立白噪声，$i=1,2,\ldots,l$。

假设 2：初始测量时刻为 $k_0 = -\infty$ 。

假设 3：每个子系统是完全可观和可控或每个子系统是稳定的，即 A 为稳定阵。

问题的提出：基于观测量 $(z_i(k), z_i(k-1), \ldots), i = 1,2,\ldots,l$ ，求融合稳态卡尔曼滤波器 $\hat{x}_0(k|k)$ ，使其满足：

（1）无偏性，即 $\boldsymbol{E}\hat{x}_0(k|k) = \boldsymbol{E}x(k)$ ，其中 $\boldsymbol{E}$ 表示数学期望。

（2）融合估计误差方差阵的迹极小化，即 $tr\boldsymbol{P}_0 = \min\{tr\boldsymbol{P}\}$ ，其中，tr 表示求矩阵的迹。

2.3.2 线性最小方差融合模型

首先介绍两个引理。

引理 1[138]：在假设 1、假设 2 和假设 3 成立的条件下，式（2.21）和式（2.22）的传感器第 i 个子系统有局部稳态最优卡尔曼滤波器

$$\hat{x}_i(k|k) = (I_n - \boldsymbol{K}_i\boldsymbol{C}_i)\boldsymbol{A} \times \hat{x}_i(k-1|k-1) + \boldsymbol{K}_i z_i(k) \tag{2.23}$$

$$\boldsymbol{K}_i = \sum\nolimits_i \boldsymbol{C}^{\mathrm{T}}[\boldsymbol{C}_i \sum\nolimits_i \boldsymbol{H}_i^{\mathrm{T}} + \boldsymbol{R}_i]^{-1} \tag{2.24}$$

$$\boldsymbol{P}_i = [I_n - \boldsymbol{K}_i\boldsymbol{C}_i]\sum\nolimits_i \tag{2.25}$$

式中：$\boldsymbol{K}_i$ 为传感器第 i 个子系统的稳态滤波增益阵，$i = 1,2,\ldots,l$ ；$\boldsymbol{P}_i$ 和 $\sum_i$ 分别为滤波和预报误差方差阵，且 $\sum_i$ 是式（2.26）方程的唯一正定解：

$$\sum\nolimits_i = \boldsymbol{A}[\sum\nolimits_i - \sum\nolimits_i \boldsymbol{C}_i^{\mathrm{T}}(\boldsymbol{C}_i \sum\nolimits_i \boldsymbol{C}_i^{\mathrm{T}} + \boldsymbol{R}_i)^{-1}\boldsymbol{C}_i \sum\nolimits_i]\boldsymbol{A}^{\mathrm{T}} + \boldsymbol{\Gamma} Q \boldsymbol{\Gamma}^{\mathrm{T}} \tag{2.26}$$

引理 2[139]：在假设 1、假设 2 和假设 3 成立的条件下，式（2.21）和式（2.22）的传感器第 i 个与第 j 个子系统间有局部稳态卡尔曼滤波误差协方差阵

$$\boldsymbol{P}_{ij} = [I_n - \boldsymbol{K}_i\boldsymbol{C}_i][\boldsymbol{A}\boldsymbol{P}_{ij}\boldsymbol{A}^{\mathrm{T}} + \boldsymbol{\Gamma} Q \boldsymbol{\Gamma}^{\mathrm{T}}][I_n - \boldsymbol{K}_j\boldsymbol{C}_j]^{\mathrm{T}} \tag{2.27}$$

式中 $\boldsymbol{P}_{ij}(i, j = 1,2,\cdots,l; i \neq j)$ 为传感器 i 与传感器 j 的稳态滤波误差协方差阵，初值可任意选取。

下面来推导基于线性最小方差下的多传感器标量加权最优融合的系数求解方法。

设 $\hat{x}_i$（$i = 1,2,\ldots,l$）为对 M 维随机向量 x 的 l 个无偏估计，其估计误差记为 $\tilde{x}_i = x - \hat{x}_l$ ，当 $i \neq j$ 时，$\tilde{x}_i$ 和 $\tilde{x}_j$ 相关。误差方差和协方差阵分别为 $\boldsymbol{p}_{ii}$ 和 $\boldsymbol{p}_{ij}$ ，引入合成的无偏估计：

$$\hat{x} = \alpha_1\hat{x}_1 + \alpha_2\hat{x}_2 + \ldots + \alpha_l\hat{x}_l = \sum_{i=1}^{l}\alpha_i\hat{x}_i \tag{2.28}$$

式中 α_i 为标量，由无偏估计假设，有 $E\hat{x}_i = Ex$， $E\hat{x} = Ex$ ，对式（2.28）两边同时取数学期望，得

$$\alpha_1 + \alpha_2 + \ldots + \alpha_l = 1 \tag{2.29}$$

由式（2.28）和式（2.29）得融合估计方差：

$$\tilde{x}_i = x - \hat{x} = \sum_{i=1}^{l} \alpha_i (x - \hat{x}_i) = \sum_{i=1}^{l} \alpha_i \tilde{x}_i \tag{2.30}$$

于是融合估计的误差方差阵为

$$\boldsymbol{P} = \boldsymbol{E}(\widetilde{\tilde{x}x^{\mathrm{T}}}) = \sum_{i,j=1}^{l} \alpha_i \alpha_j \boldsymbol{P}_{ij} \tag{2.31}$$

从而性能指标 $J = tr\boldsymbol{P}$ 化为：

$$J = \sum_{i,j=1}^{l} \alpha_i \alpha_j tr\boldsymbol{P}_{ij} \tag{2.32}$$

在式（2.29）的约束条件下，求系数 $\bar{\alpha}_i (i = 1,2,\ldots,l)$ 极小化性能指标，应用拉格朗日乘子法，引入辅助函数

$$F = J + \lambda \left(\sum_{i=1}^{l} \alpha_i - 1 \right) \tag{2.33}$$

令 $\left.\dfrac{\partial F}{\partial \alpha_i}\right|_{\alpha_i = \bar{\alpha}_i} = 0$， $i = 1,2,\ldots,l$ ，得

$$\sum_{j=1}^{l} tr\boldsymbol{P}_{ij} \alpha_j + \frac{1}{2}\lambda = 0 \tag{2.34}$$

令 $\mu = \dfrac{1}{2}\lambda$，结合式（2.29）和式（2.34），则矩阵方程

$$\begin{bmatrix} B & 1 \\ 1^{\mathrm{T}} & 0 \end{bmatrix} \begin{bmatrix} \bar{\alpha} \\ \mu \end{bmatrix} = \begin{bmatrix} 0 \\ 1 \end{bmatrix} \tag{2.35}$$

式中， $B = (tr\boldsymbol{P}_{ij})$， $i, j = 1,2,\ldots,l$ ；向量 $\bar{\alpha} = [\bar{\alpha}_1, \bar{\alpha}_2, \ldots, \bar{\alpha}_l]^{\mathrm{T}}$ ； $\mathbf{1} = [\mathbf{1},\mathbf{1},\ldots,\mathbf{1}]^{\mathrm{T}}$ ；0 为适当维数的零列向量。在各子系统不完全相同时，一般 B 为正定阵列，并且记 $1^{\mathrm{T}} B^{-1} 1 \neq 0$ ，则由矩阵求逆公式有

$$\begin{bmatrix} \bar{\alpha} \\ \mu \end{bmatrix} = \begin{bmatrix} B & 1 \\ 1^{\mathrm{T}} & 0 \end{bmatrix}^{-1} \begin{bmatrix} 0 \\ \mathbf{1} \end{bmatrix} = \frac{1}{-1^{\mathrm{T}} B^{-1} \mathbf{1}} \begin{bmatrix} -B^{-1} 1 \\ \mathbf{1} \end{bmatrix} \tag{2.36}$$

由式（2.36）可得

$$\bar{\alpha} = \frac{B^{-1}\mathbf{1}}{1^{\mathrm{T}} B^{-1} \mathbf{1}} \tag{2.37}$$

将式（2.37）代入式（2.31），得最优信息融合估计误差方差阵为

$$\boldsymbol{P}_o = \sum_{i,j=1}^{l} \bar{\alpha}_i \bar{\alpha}_j \boldsymbol{P}_{ij} \tag{2.38}$$

式中，令 $\alpha_i = 1$，$\alpha_j = 0$，$i, j = 1,2,\ldots,l$，$i \neq j$，可得 $tr\boldsymbol{P}_o = tr\boldsymbol{P}_{ij}$。

上述求取稳态滤波器的计算步骤中，当所有局部滤波器达到稳态时，标量加权最优信息融合方法只需一次融合便可获得，使计算负担明显减小，因而标量加权下最优信息融合方法极具工程应用价值。

2.3.3 全局信息无反馈最优分布式估计融合算法

建立信息融合结构是信息融合系统研究的首要工作[94]，其直接决定了融合算法的结构、性能及系统规模。信息融合结构可以根据信息流、控制关系、应用及规模的不同分为不同的模式[140]。根据信息融合系统的内、外部特性，信息融合模型可分为两大类：一是基于系统外部特性的模型，如结构模型、功能模型、位置融合模型、输入/输出模型等；二是融合算法本身特征的模型，如分层融合模型、融合属性模型等。

根据信息抽象的不同层次，融合可分级为检测级融合、位置级融合、属性级融合、态势评估和威胁评估。其中位置级融合得到了广泛应用，它对传感器的测量信息或状态估计直接进行融合，是跟踪级融合。多传感器跟踪系统的结构形式主要有集中式、分布式、混合式和多级式。集中式结构将各传感器的检测报告直接输入融合中进行综合处理，包括状态估计与多传感器综合故障的全过程[141]。在分布式结构中，各传感器首先在局部节点进行单传感器的时间融合，由融合中心对各局部节点的处理结果进行目标状态的空间融合。混合式结构的融合中心同时对传感器的检测报告和局部节点的处理信息进行时间和空间的融合。多级式融合是集中式、分布式和混合式三种结构的综合，它利用下一层融合中心的航迹估计信息完成高层次的空间融合。典型的多级式系统有海上多平台系统、C3I 系统等。

不同的融合结构形式在计算量、融合过程、系统的生存能力等方面各不相同，在实际应用中，应根据实际需求设计具体的融合模型。在监视系统、卫星、机器人及组合导航等系统中，通过建立具体的多传感器融合结构与算法，有效改善了系统的多传感器信息融合性能[142,143,144]。

通过对多传感器信息的综合处理来获得目标状态及待测参数的估计，称为多传感器信息的估计融合。其主要方法有[145]加权平均法、数理统计法、证据决策理

论、选举决策法、产生式规则、卡尔曼滤波、自适应神经网络法。

由于多传感器系统越来越复杂，融合算法要解决好融合精度、计算量、容错性能及通用性等多方面的问题。同步融合算法有集中式扩维融合、局部估计值加权融合、分布式信息融合[146]、分层融合[147]及全信息融合算法[148]等。

本节分析讨论美国 BAE 系统公司 Chee Chong 博士提出的全局信息不反馈给局部滤波器的分布式融合算法[149]。假定 N 个传感器以相同的采样速率对同一目标进行观测，离散时间的系统状态方程和测量方程为

$$x_{k+1}=\boldsymbol{F}_k x_k+w_k \tag{2.39}$$

$$Z_{i,k}=\boldsymbol{H}_{i,k}x_k+v_k,\quad i=1,2,\ldots,N \tag{2.40}$$

式中：i 是传感器数量；$\boldsymbol{x}_k\in R^{n_x\times 1}$ 是状态向量；$\boldsymbol{F}_k\in \boldsymbol{R}^{n_x\times n_x}$ 是系统矩阵；过程噪声 $w_k\in \boldsymbol{R}^{n_x\times 1}$ 为高斯白噪声序列，其协方差阵为 $\boldsymbol{Q}_k$；$z_{i,k}\in \boldsymbol{R}^{P_i\times 1}$ 是第 i 个传感器的测量值；$\boldsymbol{H}_{i,k}\in \boldsymbol{R}^{P_i\times n_x}$ 是相应的测量矩阵；测量噪声 $v_{i,k}\in \boldsymbol{R}^{P_i\times 1}$ 是高斯白噪声序列，其协方差阵为 $\boldsymbol{R}_{i,k}$。假定各传感器的测量噪声之间互不相关，过程噪声和测量噪声也互不相关。令

$$\left.\begin{aligned}\boldsymbol{Z}_k&=[(Z_{1,k})^{\mathrm{T}},(Z_{2,k})^{\mathrm{T}},\ldots,(Z_{N,k})^{\mathrm{T}}]^{\mathrm{T}}\\ \boldsymbol{H}_k&=[(H_{1,k})^{\mathrm{T}},(H_{2,k})^{\mathrm{T}},\ldots,(H_{N,k})^{\mathrm{T}}]^{\mathrm{T}}\\ \boldsymbol{v}_k&=[(v_{1,k})^{\mathrm{T}},(v_{2,k})^{\mathrm{T}},\ldots,(v_{N,k})^{\mathrm{T}}]^{\mathrm{T}}\end{aligned}\right\} \tag{2.41}$$

则融合中心的广义测量方程可表示为

$$\boldsymbol{Z}_k=\boldsymbol{H}_k\boldsymbol{x}_k+\boldsymbol{v}_k \tag{2.42}$$

其中，根据系统方程和测量方程的假设，可知广义测量噪声的统计特性为

$$\left.\begin{aligned}&\boldsymbol{E}[v_k]=0\\ &\mathrm{cov}[\boldsymbol{v}_k,\boldsymbol{v}_k]=\boldsymbol{R}_k=\mathrm{diag}(\boldsymbol{R}_{1,k},\boldsymbol{R}_{2,k},\ldots,\boldsymbol{R}_{N,k})\\ &\boldsymbol{E}[w_k\boldsymbol{v}_k^{\mathrm{T}}]=0\end{aligned}\right\} \tag{2.43}$$

如果采用信息形式的卡尔曼滤波器，则传感器 i 在时刻 k 的测量更新为

$$\hat{x}_{i,k|k}=\hat{x}_{i,k|k-1}+\boldsymbol{P}_{i,k|k}(\boldsymbol{H}_{i,k})^{\mathrm{T}}(\boldsymbol{R}_{i,k})^{-1}(z_{i,k}-\boldsymbol{H}_{i,k}\hat{x}_{i,k|k-1}) \tag{2.44}$$

$$(\boldsymbol{P}_{i,k|k})^{-1}=(\boldsymbol{P}_{i,k|k-1})^{-1}+(\boldsymbol{H}_{i,k})^{\mathrm{T}}(\boldsymbol{R}_{i,k})^{-1}\boldsymbol{H}_{i,k} \tag{2.45}$$

其中

$$\left.\begin{aligned}
\hat{x}_{i,k|k} &= \boldsymbol{E}[x_k|\boldsymbol{Z}_{i,k}] \stackrel{\Delta}{=} \boldsymbol{E}[x_k|\boldsymbol{Z}_{i,1},\boldsymbol{Z}_{i,2},\dots,\boldsymbol{Z}_{i,k}] \\
\hat{x}_{i,k|k-1} &= \boldsymbol{E}[x_k|\boldsymbol{Z}_{i,k-1}] \stackrel{\Delta}{=} E[x_k|\boldsymbol{Z}_{i,1},\boldsymbol{Z}_{i,2},\dots,\boldsymbol{Z}_{i,k-1}] = F_{k-1}\hat{x}_{i,k-1|k-1} \\
\boldsymbol{P}_{i,k|k} &= \boldsymbol{E}[(\hat{x}_{i,k|k}-x_k)(\hat{x}_{i,k|k}-x_k)^{\mathrm{T}}|Z_{i,k}] \\
\boldsymbol{P}_{i,k|k-1} &= \boldsymbol{E}[(\hat{x}_{i,k|k-1}-x_k)(\hat{x}_{i,k|k-1}-x_k)^{\mathrm{T}}|Z_{i,k-1}]
\end{aligned}\right\} \tag{2.46}$$

类似地，时刻 k 融合中心的估计值及估计误差协方差矩阵分别为

$$\hat{x}_{k|k} = \hat{x}_{k|k-1} + \boldsymbol{P}_{k|k}(Hk)^{\mathrm{T}}(R_k)^{-1}(z_k - H_k\hat{x}_{k|k-1}) \tag{2.47}$$

$$(P_{k|k})^{-1} = (P_{k|k-1})^{-1} + (H_k)^{\mathrm{T}}(R_k)^{-1}H_k \tag{2.48}$$

其中

$$\left.\begin{aligned}
\hat{x}_{k|k} &= \boldsymbol{E}[x_k|Z_k] \stackrel{\Delta}{=} \boldsymbol{E}[x_k|Z_1,Z_2,\dots,Z_k] \\
\hat{x}_{k|k-1} &= \boldsymbol{E}[x_k|Z_{k-1}] \stackrel{\Delta}{=} \boldsymbol{E}[x_k|Z_1,Z_2,\dots,Z_{k-1}] = F_{k-1}\hat{x}_{k-1|k-1} \\
P_{k|k} &= \boldsymbol{E}[(\hat{x}_{k|k}-x_k)(\hat{x}_{k|k}-x_k)^{\mathrm{T}}|Z_k] \\
P_{k|k-1} &= \boldsymbol{E}[(\hat{x}_{k|k-1}-x_k)(\hat{x}_{k|k-1}-x_k)^{\mathrm{T}}|Z_{k-1}]
\end{aligned}\right\} \tag{2.49}$$

为了能利用各种传感器的局部预测、估值及融合中心的预测进行全局融合，式（2.44）乘以式（2.45）得

$$\begin{aligned}
(\boldsymbol{P}_{i,k|k})^{-1}\hat{x}_{i,k|k} &= [(\boldsymbol{P}_{i,k|k-1})^{-1} + (\boldsymbol{H}_{i,k})^{\mathrm{T}}(\boldsymbol{R}_{i,k})^{-1}\boldsymbol{H}_{i,k}]\hat{x}_{i,k|k-1} + \\
&\quad (\boldsymbol{P}_{i,k|k})^{-1}\boldsymbol{P}_{i,k|k}(\boldsymbol{H}_{i,k})^{\mathrm{T}}(\boldsymbol{R}_{i,k})^{-1}(Z_{i,k} - \boldsymbol{H}_{i,k}\hat{x}_{i,k|k-1}) \\
&= (\boldsymbol{P}_{i,k|k-1})^{-1}\hat{x}_{i,k|k-1} + (\boldsymbol{H}_{i,k})^{\mathrm{T}}(\boldsymbol{R}_{i,k})^{-1}Z_{i,k}
\end{aligned} \tag{2.50}$$

这样就有

$$(\boldsymbol{H}_{i,k})^{\mathrm{T}}(\boldsymbol{R}_{i,k})^{-1}z_{i,k} = (\boldsymbol{P}_{i,k|k})^{-1}\hat{x}_{i,k|k} - (\boldsymbol{P}_{i,k|k-1})^{-1}\hat{x}_{i,k|k-1} \tag{2.51}$$

这个关系可用来消除全局融合更新方程中的预测项。利用式(2.41)和式(2.43)的块对角矩阵形式，式（2.47）和式（2.48）可重新写为

$$\hat{x}_{k|k} = \hat{x}_{k|k-1} + \boldsymbol{P}_{k|k}\sum_{i=1}^{N}(\boldsymbol{H}_{i,k})^{\mathrm{T}}(\boldsymbol{R}_{i,k})^{-1}(z_{i,k} - \boldsymbol{H}_{i,k}\hat{x}_{k|k-1}) \tag{2.52}$$

$$(\boldsymbol{P}_{k|k})^{-1} = (\boldsymbol{P}_{k|k-1})^{-1} + \sum_{i=1}^{N}(\boldsymbol{H}_{i,k})^{\mathrm{T}}(\boldsymbol{R}_{i,k})^{-1}\boldsymbol{H}_{i,k} \tag{2.53}$$

式（2.52）乘以式（2.53），整理得

$$(\boldsymbol{P}_{k|k})^{-1}\hat{x}_{k|k} = (\boldsymbol{P}_{k|k-1})^{-1}\hat{x}_{k|k-1} + \sum_{i=1}^{N}(\boldsymbol{H}_{i,k})^{\mathrm{T}}(\boldsymbol{R}_{i,k})^{-1}z_{i,k} \tag{2.54}$$

式（2.51）乘以式（2.54），可得全局最优的融合估计为

$$(\boldsymbol{P}_{k|k})^{-1}\hat{x}_{k|k} = (\boldsymbol{P}_{k|k-1})^{-1}\hat{x}_{k|k-1} + \sum_{i=1}^{N}[(\boldsymbol{P}_{i,k|k})^{-1}\hat{x}_{k|k} - (\boldsymbol{P}_{i,k|k-1})^{-1}\hat{x}_{k|k-1}] \tag{2.55}$$

式（2.45）乘以式（2.53），可得融合估计的误差协方差矩阵为

$$(\boldsymbol{P}_{k|k})^{-1} = (\boldsymbol{P}_{k|k-1})^{-1} + \sum_{i=1}^{N}[(\boldsymbol{P}_{i,k|k})^{-1} - (\boldsymbol{P}_{i,k|k-1})^{-1}] \tag{2.56}$$

由上述推导过程可知，该融合算法完全是测量扩维的集中式融合算法通过矩阵变换而来的，所以是全局最优的。该算法的结构如图 2.1 所示。

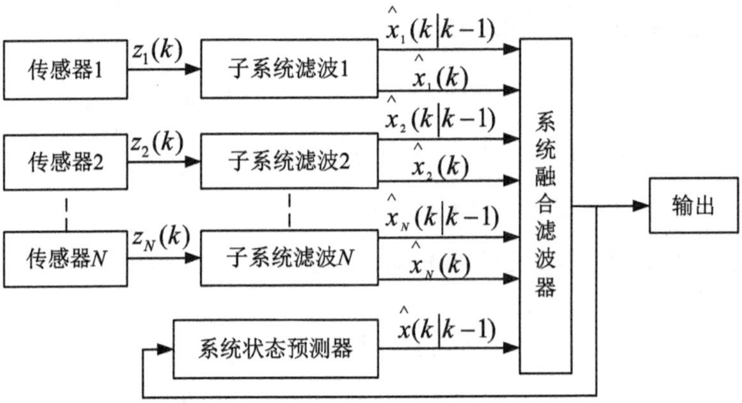

图 2.1　分布式最优融合测量结构

2.3.4　有反馈最优分布式估计融合算法

有反馈的分布式结构，不仅每个传感器在融合前都要进行滤波，而且由融合中心到每个传感器有一个反馈通道，需再进行二次滤波，然后进行融合。显然，这有助于提高各个传感器的状态估计和预测精度。当然与无反馈分布式结构相比，它增加了通信量，在考虑其算法时，要注意参与计算的量之间的相关性。融合方法如下：

$$\boldsymbol{X}(k+1|k+1) = \boldsymbol{X}(k+1|k) + \boldsymbol{K}_i(K+1)[Z_i(K+1) - \boldsymbol{H}_i X(k+1|k)] \tag{2.57}$$

$$\boldsymbol{K}_i(k+1) = \boldsymbol{P}_i(k+1|k+1)\cdot H_i^{\mathrm{T}}(k+1)\boldsymbol{P}_i^{-1}(k+1) \tag{2.58}$$

$$\boldsymbol{P}_i^{-1}(k+1|k+1) = \boldsymbol{P}_i^{-1}(k+1|k) + \boldsymbol{H}_i^{\mathrm{T}}(k+1)\boldsymbol{P}_i^{-1}(k+1)\boldsymbol{H}_i(k+1) \tag{2.59}$$

$$X_i(k+1|k)=\phi(k)X(k|k) \tag{2.60}$$

$$P_i(k+1|k)=\phi(k)P(k|k)\phi^{\mathrm{T}}(k)+\Gamma(k)Q(k)\Gamma^{\mathrm{T}}(k) \tag{2.61}$$

$$P^{-1}(k+1|k+1)=\sum_{i=1}^{N_2}P_i^{-1}(k+1|k+1)-(N+1)P^{-1}(k+1|k) \tag{2.62}$$

$$X(k+1|k+1)=X(k+1|k)\left\{P^{-1}(k+1|k)\cdot X(k+1|k)+\sum_{i=1}^{N_2}[P_i^{-1}(k+1|k+1)\cdot X_i(k+1|k+1)-P_i^{-1}(k+1|k)X(k+1|k)]\right\} \tag{2.63}$$

很明显，式（2.55）和式（2.56）不带反馈的融合结果不可能再改善了，因为已经达到了集中式融合的性能。那么反馈的优势在哪里呢？四川大学的朱允民教授等已经证明式（2.62）和式（2.63）带反馈的融合算法与集中式融合算法具有相同的性能[150]。引入反馈可以减小传感器局部估计误差的协方差阵，具体证明参见文献[141]。

这样，根据多传感器信息融合系统的不同需要，可以选择是否采用融合估计反馈结构，两种结构与算法均可保证融合估计的最优性。

2.4 多尺度系统理论

自然界和工程实践中的许多现象或过程都存在多尺度特征或多尺度效应。同时，人们对现象或过程的观察和测量往往也是在不同尺度上进行的，如各类望远镜[151]。因此，用多尺度系统理论来描述、分析这些现象是完全可以的，并能更好地表现这些现象或过程的本质特征。因此，多尺度系统理论越来越受到许多学科领域里众多科学工作者的高度重视。

近十几年来，随着小波分析、塔式图像表示、多率数字滤波等的发展，多尺度信号处理已经成为多尺度系统理论及其应用研究的热点。这表明，一方面，多尺度处理已成为信号处理领域的内容；另一方面，多尺度处理在系统理论领域里发挥了很重要的作用。粗略地讲，多尺度方法涉及滤波、采样等一系列过程。例如，小波分析中在进入下一级滤波之前，就要把信号分解成低通和高通两部分。这样就可以得到小波基的信号表示形式，变换后的各分量自然可以用二叉树来表示。显然，这种表示方法可以描述一个动态方程，基本的动态关系可以由尺度递归得到。动态系统多尺度表示的描述提供了一个信号多尺度建模的框架；反过来，这也直接产生统计最优多分辨率信号和图像处理方法。本节将简要介绍多尺度系统理论，通过分析正交镜像滤波器组，论述多尺度表示和二叉树系统。

2.4.1 多尺度表示和二叉树系统

1. 信号的多尺度表示

（1）最大采样滤波器组。

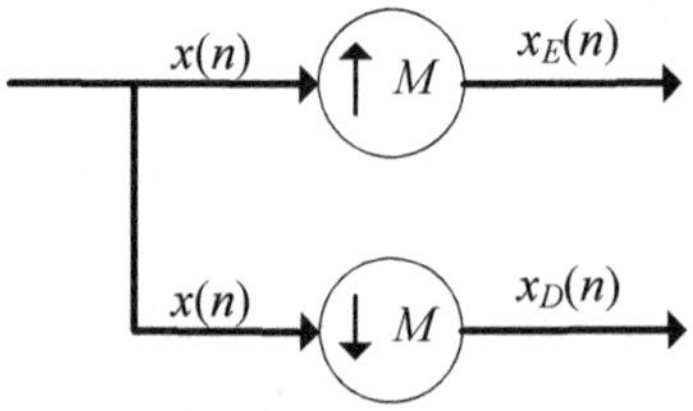

图 2.2 上插值和下采样的多率信号表示

根据 Z 变换定义，如图 2.2 所示的上插值和下采样运算 z 变换表示式为

$$\boldsymbol{X}_E(z)=[\boldsymbol{X}(z)]_{\uparrow M}=\boldsymbol{X}(z^M) \tag{2.64}$$

$$\boldsymbol{X}_D(z)=[\boldsymbol{X}(z)]_{\downarrow M}=\frac{1}{M}\sum_{k=0}^{M-1}\boldsymbol{X}(z^{\frac{1}{M}}\mathrm{e}^{-\frac{\mathrm{j}2\pi k}{M}}) \tag{2.65}$$

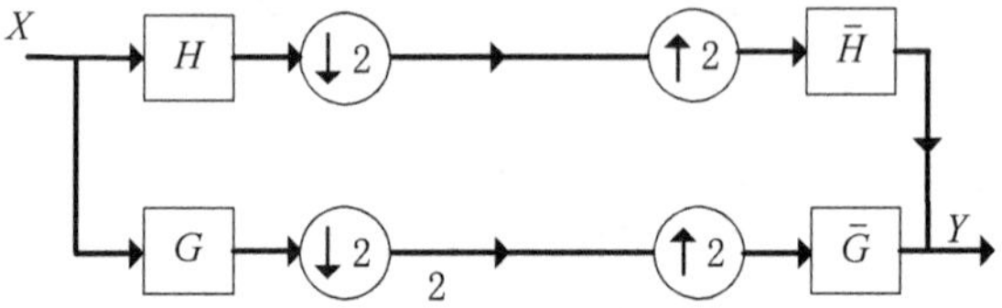

图 2.3 最大采样滤波器组

如图 2.3 所示描述了一个无混叠完全重构信号的最大采样滤波器组。其中，↓2 表示采样率为 2 的下采样算子。对给定的信号 $\{x(k)|k\in Z\}$ 和滤波器对 (H,G)，根据式（2.39）和式（2.40）有

$$\boldsymbol{U}(z^2)=\frac{1}{2}[\boldsymbol{H}(z)X(z)+\boldsymbol{H}(-z)\boldsymbol{X}(-z)] \tag{2.66}$$

$$\boldsymbol{V}(z^2)=\frac{1}{2}[G(z)\boldsymbol{X}(z)+\boldsymbol{G}(-z)\boldsymbol{X}(-z)] \tag{2.67}$$

这样相应的输入和输出关系可写为

$$\begin{aligned}\boldsymbol{Y}(z)&=\bar{\boldsymbol{H}}(z)\boldsymbol{U}(z^2)+\bar{\boldsymbol{G}}(z)\boldsymbol{V}(z^2)] \\ &=\frac{1}{2}[\bar{\boldsymbol{H}}(z)H(z)+\bar{\boldsymbol{G}}(z)\boldsymbol{G}(z)]\boldsymbol{X}(z)+\frac{1}{2}[\bar{\boldsymbol{H}}(z)\boldsymbol{H}(-z)+\bar{\boldsymbol{G}}(z)\boldsymbol{G}(-z)]\boldsymbol{X}(-z)\end{aligned} \tag{2.68}$$

式中：$\frac{1}{2}[\bar{\boldsymbol{H}}(z)\boldsymbol{H}(z)+\bar{\boldsymbol{G}}(z)\boldsymbol{G}(z)]\boldsymbol{X}(z)$ 表示混叠部分；$\frac{1}{2}[\bar{\boldsymbol{H}}(z)\boldsymbol{H}(-z)+\bar{\boldsymbol{G}}(z)\boldsymbol{G}(-z)]$ $X(-z)$ 为线性移位部分。为使这种变换无混叠并且能够实现完全重构，则必须满足以下条件：

$$[\bar{\boldsymbol{H}}(z)\boldsymbol{H}(z)+\bar{\boldsymbol{G}}(z)\boldsymbol{G}(z)]\boldsymbol{X}(-z)=0 \tag{2.69}$$

$$[\bar{\boldsymbol{H}}(z)\boldsymbol{H}(z)+\bar{\boldsymbol{G}}(z)\boldsymbol{G}(z)]\boldsymbol{X}(z)=2I \tag{2.70}$$

下面来构造满足对(H,G)能量互补条件的滤波器：

$$\boldsymbol{H}(z)\boldsymbol{H}(z^{-1})+\boldsymbol{H}(-z)\boldsymbol{H}(-z^{-1})=2I \tag{2.71}$$

$$z^{-1}\boldsymbol{H}(-z^{-1})=\boldsymbol{G}(z) \tag{2.72}$$

$$\bar{\boldsymbol{H}}=\boldsymbol{H}(z^{-1}) \tag{2.73}$$

$$\bar{\boldsymbol{G}}=\boldsymbol{G}(z^{-1}) \tag{2.74}$$

（2）算子表示。

对实数ξ, ξZ 表示集合{ ξ $n|n\in Z$}。尺度可用二进尺度表示，即用集合 $2^{-n}Z$ 表示所有尺度，而 n 可从−∞（最粗尺度）变化到+∞（最细尺度）。并且定义↑2 为 $l^2(2Z)$到 $l^2(Z)$的内插。类似地，↓2 为 $l^2(2Z)$ 到 $l^2(Z)$ 的删除奇数项的运算。这样通过 H、G 滤波后，再进行 2 采样的过程，即可分别描述成如下算子形式：

$$\boldsymbol{H}:l^2(z)\to l^2(2z) \tag{2.75}$$

$$\boldsymbol{G}:l^2(z)\to l^2(2z) \tag{2.76}$$

反之，通过插值后再进行滤波的过程的算子形式则为

$$\bar{\boldsymbol{H}}:l^2(2z)\to l^2(z) \tag{2.77}$$

$$\bar{\boldsymbol{G}}:l^2(2z)\to l^2(z) \tag{2.78}$$

根据以上算子形式，可以得到正交镜像滤波条件的算子形式：

$$\boldsymbol{H}\bar{\boldsymbol{H}}=\boldsymbol{G}\bar{\boldsymbol{G}}=\bar{\boldsymbol{H}}\boldsymbol{H}+\bar{\boldsymbol{G}}\boldsymbol{G}=I \tag{2.79}$$

$$\boldsymbol{H}\bar{\boldsymbol{G}}=\boldsymbol{H}\boldsymbol{G}^*=\boldsymbol{G}\bar{\boldsymbol{H}}=\boldsymbol{G}\boldsymbol{H}^*=0 \tag{2.80}$$

式中 $\boldsymbol{H}^*$、$\boldsymbol{G}^*$分别表示 $\boldsymbol{H}$、$\boldsymbol{G}$ 的共轭转置。式（2.79）等价于完全重构条件，式（2.80）中，由于 $l^2(2\boldsymbol{Z})$由 $l^2(\boldsymbol{Z})$采样而成，因此，$l^*2(2\boldsymbol{Z})$的 Z 变换具有 $\boldsymbol{U}(\boldsymbol{Z}^2)=\boldsymbol{X}(\boldsymbol{Z})+\boldsymbol{X}(-\boldsymbol{Z})$ 形式。这时，$\boldsymbol{U}$ 通过算子 $\bar{\boldsymbol{H}}$ 可得。故有

$$\begin{aligned}&\frac{1}{2}[\boldsymbol{H}(z)\bar{\boldsymbol{H}}(z)(\boldsymbol{X}(z)+\boldsymbol{X}(-z))+\boldsymbol{H}(-z)\bar{\boldsymbol{H}}(-z)(\boldsymbol{X}(-z)+\boldsymbol{X}(z))]\\&=\frac{1}{2}[\boldsymbol{H}(z)\bar{\boldsymbol{H}}(z)+\boldsymbol{H}(-z)\bar{\boldsymbol{H}}(-z)](\boldsymbol{X}(z)+\boldsymbol{X}(-z))=\boldsymbol{U}(\boldsymbol{Z}^2)\end{aligned} \tag{2.81}$$

式（2.81）中最后一个等式可由镜像滤波条件推出。式（2.80）可以用同样的方法验证。

2. 二叉树系统

实际应用中，采样和插值往往需要连续应用几次。若将所有尺度考虑为 $2^{-n}\boldsymbol{Z}$，使用起来将比较方便。所以，对每个尺度 n，通过 $\boldsymbol{H}$、$\boldsymbol{G}$ 滤波后，再进行采样率为 2 的采样，其过程可以描述成如下算子形式：

$$\boldsymbol{H}: l^2(2^{-n}\boldsymbol{Z}) \to l^2(2^{-(n-1)}\boldsymbol{Z}) \tag{2.82}$$

$$\boldsymbol{G}: l^2(2^{-n}\boldsymbol{Z}) \to l^2(2^{-(n-1)}\boldsymbol{Z}) \tag{2.83}$$

同样，对尺度 n，通过插值（插值率为 2）后再进行滤波（滤波算子分别为 $\boldsymbol{H}$、$\boldsymbol{G}$）的过程也可以写成如下算子形式：

$$\bar{\boldsymbol{H}}: l^2(2^{-n}\boldsymbol{Z}) \to l^2(2^{-(n-1)}\boldsymbol{Z}) \tag{2.84}$$

$$\bar{\boldsymbol{G}}: l^2(2^{-n}\boldsymbol{Z}) \to l^2(2^{-(n-1)}\boldsymbol{Z}) \tag{2.85}$$

为避免出现浮点数形式的尺度，组合所有尺度 $2^{-n}\boldsymbol{Z}$ 在一起，便引入同态二叉树 T。可定义为，树 T 上的节点是实数的截断二进阶扩张。从这个定义可以推出，树 T 上的两个节点 s 和 t 要组成一个树枝 $t \to s$，必须当且仅当 t 是通过删除 s 最后一位以后得到的。这个过程实际上对应于移动到下一个粗尺度。所以，算子对(H,G)可以看成是下面一对算子：

$$\boldsymbol{H},\boldsymbol{G}: l^2_{\text{loc}}(T) \mapsto l^2_{\text{loc}}(T) \tag{2.86}$$

式中 $l^2_{\text{loc}}(.)$ 表示信号是局部可和的，并且满足式（2.79）和式（2.80）。下面考虑上述镜像滤波器对$(\boldsymbol{H},\boldsymbol{G})$。类似于线性系统中的 Hankel 算子的方法，可以分析系统输入/输出关系。

这里尺度参数属于整数集 $\boldsymbol{Z}$，相应的输入 $u = l^2_{\text{loc}}(\boldsymbol{T})$，即 $\{\boldsymbol{U}$ 的支撑$\} \subset \coprod_{n=-\infty}^{-1} 2^{-n}\boldsymbol{Z}$。若设 $\boldsymbol{U}(n)$表示 u 在第 n 个尺度上的限制，则任一 $\boldsymbol{U}(n)$可表示原始信号，而 $U(n-1)$的采样率为 $U(n)$的一半。每一个 $U(n)$首先由 $\bar{G}$ 处理，然后经过$(n-1)$次 $\bar{\boldsymbol{H}}$ 处理。这样，如果定义二叉树 T 上的输入和输出映射关系

$$y = (\bar{\boldsymbol{G}} + \bar{\boldsymbol{H}}\bar{\boldsymbol{G}} + \bar{H}^2\bar{\boldsymbol{G}} + \bar{H}^3\bar{\boldsymbol{G}} + \ldots) = (I - \bar{\boldsymbol{H}})^{-1}\bar{\boldsymbol{G}}u \tag{2.87}$$

则所希望的信号 Y 是 y 在零尺度的限制。所以，镜像滤波重构过程实际上可以看作是一个特殊的 Hankel 算子，并且可知这个过程是因果的，也是有理的。类似地，$(\bar{H},\bar{G})$ 的对偶(H,G)定义了二叉树 T 上的一个反因果系统（由细到粗）。

2.4.2 小波多尺度分析

傅里叶变换虽被认为是一种最完美和应用最广泛的信号分析手段，但其在时域上无任何局部定位能力。小波分析是一种时间窗和频率窗都可以改变的时频局部分析的“数学显微镜”，具有对信号分析的多尺度分析功能[152]。小波是由一系列满足条件的函数$\psi(t)$，通过平移和伸缩而产生的一个函数族$\psi_{a,b}(t)$。

$$C_{\psi}=\int_{-\infty}^{-\infty}\psi(t)\mathrm{d}t=0 \tag{2.88}$$

$$\psi_{a,b}(t)=a^{-\frac{1}{2}}\psi\left(\frac{t-b}{a}\right),\quad a,b\in\mathbf{R};a>o \tag{2.89}$$

式中$\psi_{a,b}(t)$称为小波基函数，简称小波基。其中a为尺度因子（伸缩因子），b为平移因子，因为它们都是连续变化的值，所以称$\psi_{a,b}(t)$为连续变化的小波基函数。它们是由同一母小波函数$\psi(t)$经过伸缩和平移后得到的一组函数系列。

记$\hat{\psi}(\omega)$为$\psi(t)$的傅里叶变换，即$\hat{\psi}(\omega)=\int\psi(t)e^{-jwt}\mathrm{d}t=0$。如果$\hat{\psi}(\omega)$满足

$$C_{\psi}=\int_{0}^{+\infty}\frac{\left|\hat{\psi}(\omega)\right|^{2}}{\omega}\mathrm{d}\omega<\infty \tag{2.90}$$

则称$\psi(t)$为允许小波，条件式（2.90）称为可允许性条件式。

小波基函数的窗口随尺度因子的不同而伸缩，当a逐渐变大时，基函数的时间窗口逐渐变大，而对应的频域窗口相应减小，中心频率（即频率窗的中点）逐渐变低。在一定意义上，小波的尺度倒数（$1/a$）对应其频率ω，说明尺度越小频率越高；相反，尺度越大对应频率越低。

由于小波基的函数在时域和频域都具有有限或局部的定义域，所以经过伸缩平移后的函数在时域和频域仍是有限的。小波基函数的窗口随尺度因子的不同而伸缩，当a逐渐变大时，基函数的时间窗口Δt逐渐变大，而对应的频域窗口$\Delta\omega$相应减小，中心频率（即频率窗的中点）逐渐变低。经过定量分析可得到如下结论：

（1）在一定意义上，尺度倒数（$1/a$）对应频率ω，说明尺度越小，则频率越高；相反，尺度越大，则对应频率越低。

（2）小波时域、频域窗口的大小Δt和$\Delta\omega$都随频率的变化而变化，而不受b值的限制。

（3）在任何尺度a和时间点b上，窗口面积$\Delta t\Delta\omega$保持不变，即尺度和时间的分辨率是相互制约的，不可能二者同时提高。

（4）由于小波母函数在频域具有带通特性，其伸缩和平移系列可以看作是一组带通滤波器。

由上述分析可知，小波基函数 $\psi_{a,b}(t)$ 可作为带通滤波器，是一组频率特性相同、品质因数不随尺度 a 变化的带通滤波器组。

2.4.3 离散小波变换

因为离散小波变换由连续小波变换离散化后得到，所以在介绍离散小波变换之前，先简要介绍一下连续小波变换。

1. 连续小波变换

任意函数 $f(t)$ 的连续小波变换（CWT，Continue Wavelet Transform）：

$$WT_f(a,b)=\left\langle f(t),\psi(\frac{t-b}{a})\right\rangle=\frac{1}{\sqrt{a}}\int_R f(t)\overline{\psi(\frac{t-b}{a})}dt \tag{2.91}$$

式中：$\overline{\psi\left(\frac{t-b}{a}\right)}$ 为 $\psi\left(\frac{t-b}{a}\right)$ 的共轭。$WT_f(a,b)$ 为小波变换系数。

利用小波变换产生的小波系数，我们可以对原图像进行重构，也就是小波变换的逆变换，公式为

$$f(t)=\frac{1}{C_\psi}\int_{-\infty}^{\infty}\int_{-\infty}^{\infty}WT_f(a,b)\frac{1}{\sqrt{a}}\psi\left(\frac{t-b}{a}\right)\frac{\mathrm{d}a}{a^2}\mathrm{d}b \tag{2.92}$$

式中：C_ψ 是对 $\psi(t)$ 提出的允许性条件；$\psi_{a,b}(t)=\frac{1}{\sqrt{a}}\psi\left(\frac{t-b}{a}\right)$ 是基本小波的位移与尺度伸缩。

关于小波变换式，有以下几点补充说明：

（1）尺度因子 a 的作用是将基本小波 $\psi(t)$ 做伸缩，a 越大 $\psi\left(\frac{t}{a}\right)$ 越宽。在不同尺度下，小波的持续时间（即分析时段）随 a 的增大而增宽，幅度则与 $\sqrt{a}$ 成反比，但小波函数的波形保持不变。

（2）$\psi_{a,b}(t)$ 前加因子的目的是使不同 a 值下 $\psi_{a,b}(t)$ 的能量保持相等。

我们将尺度因子 a 和平移因子 b 离散化（取 $a=2^j$ 和 $b=2^jkT_S$），则式（2.89）可表示为：

$$\psi_{j,k}(t)=\frac{1}{\sqrt{2^j}}\psi\left(\frac{t-2^jkT_S}{2^j}\right)=\frac{1}{\sqrt{2^j}}\psi\left(\frac{t}{2^j}-kT_s\right) \tag{2.93}$$

式中 $j,k\in\mathbf{Z}$。然后再将 t 轴用 T_S 归一化，上式就变为

$$\psi_{j,k}(t)=2^{-\frac{j}{2}}\psi(2^{-j}t-k) \quad (2.94)$$

我们称式（2.94）为离散小波函数。

2. 离散小波变换

对任意函数 $f(t)$ 的离散小波变换（DWT，Discrete Wavelet Transform）：

$$WT_f(j,k)=<f,\psi_{j,k}>=\int_R f(t)\overline{\psi_{j,k}(t)}\,\mathrm{d}t \quad (2.95)$$

式中 $WT_f(j,k)$ 为离散小波变换系数。

3. 离散小波变换的逆变换（IDWT）

若离散小波序列 $\{\psi_{j,k}\}_{j,k\in z}$ 构成一个框架，设其上、下界分别为 A 和 B，则当 $A=B$ 时（此时框架为紧框架），离散小波变换的逆变换公式为

$$f(t)=\sum_{j,k}\left\langle f,\psi_{j,k}\right\rangle\cdot\psi'_{j,k}(t)=\frac{1}{A}\sum_{j,k}WT_f(j,k)\cdot\psi_{j,k}(t) \quad (2.96)$$

当 $A=B=1$ 时，离散小波序列 $\{\psi_{j,k}\}_{j,k\in z}$ 为一正交基，此时离散小波变换的逆变换公式为：

$$f(t)=\sum_{j,k}\left\langle f,\psi_{j,k}\right\rangle\cdot\psi'_{j,k}(t)=\sum_{j,k}WT_f(j,k)\cdot\psi_{j,k}(t) \quad (2.97)$$

式（2.95）和（2.97）是对一维信息的小波变换与重构，处理图像信号需要二维小波变换。将一维小波变换进行拓展，我们可以得到二维离散小波变换与重建公式。

小波多尺度变换具有很多优势，是目前应用最广的变换域处理方法。然而小波变换也有其不足之处：由于小波分解通常只有水平和垂直两个方向，因此小波无法解决图像边缘中各向异性的特点，同时在处理高维数据时存在困难[153]。

2.4.4 第二代 Curvelet 多尺度分析

为了更好地处理多维信息奇异性，一些新的多尺度变换或多尺度几何分析被相继提出。常见的多尺度几何分析主要有 Wedgelet[154]、Ridgelet[155]、Curvelet[156]，Contourlet[157]、Shearlet[158]、Beamlet[159]，Bandelet[160]等。其中 Curvelet 和 Contourlet 是应用得最多的两种分析工具。

1999 年 Candès 和 Donoho 提出了 Curvelet 变换，该变换首先应用带通滤波器将图像分解为多个子带，对不同的子带图像进行分块，然后利用 Ridgelet 变换来分析各块中的线奇异性。2002 年 Candès 等提出了第二代 Curvelet 变换[161]。与第一代变换的构造完全不同，第二代 Curvelet 变换通过楔形窗函数对频域空间进行

划分，各分块对应特定尺度和方向频带上的 Curvelet 函数，利用时域函数与图像进行内积计算即得 Curvelet 系数。本节将介绍基于 Curvelet 的多尺度分析理论。

若在二维空间 R^2 中，x 为空间位置参量，ω 为频率域参量，r、θ 为频率域下的极坐标。

定义 1：假设“角窗” $[j/2]$ $V(t)$和“半径窗” $W(r)$具有平滑、非负、实值的特性，并且满足容许性条件：

$$\sum_{j=-\infty}^{\infty} W^2(2^j r)=1, r\in(3/4,3/2) \tag{2.98}$$

$$\sum_{l=-\infty}^{\infty} v^2(t-l)=1, t\in(-1/2,1/2) \tag{2.99}$$

对所有尺度 $j\geqslant j_0$，定义频域的频率窗 U_j 为

$$U_j(r,\theta)=2^{-3j/4}W(2^{-j}r)V\left[\frac{2^{[j/2]}\theta}{2\pi}\right] \tag{2.100}$$

式中 $[j/2]$ 表示 $j/2$ 的整数部分。由定义 1 可知，U_j 为极坐标下的一种“楔形”窗。

定义 2：根据定义 1，令 mother Curvelet 为 $\varphi_j(x)$，其傅里叶变换 $\varphi_j(\omega)=U_j(\omega)$，则在尺度 2^{-j} 上的所有 Curvelet 都可由 φ_j 旋转和平移得到。引入相同间隔的旋转角序列 $\theta_l=2\pi\times 2^{-[j/2]}\times l$，$l$=0,1,…,$0\leqslant\theta_l<2\pi$；和位移参量系列 $k=(k_1,k_2)\in\mathbf{Z}^2$，定义尺度为 2^{-j}，方向角为 θ_l，位置为 $x_k^{(j,l)}=R_{\theta_l}^{-1}(k_1\times 2^{-j},k_2\times 2^{-j/2})$ 的 Curvelet 为

$$\varphi_{j,l,k}(x)=\varphi_j[R_{\theta_l}(x-x_k^{(j,l)})] \tag{2.101}$$

式中 R_θ 表示以 θ 为弧度的旋转。

定义 3：由定义 1 和定义 2，Curvelet 变换定义为

$$c(j,l,k)=\langle f,\varphi_{j,l,k}\rangle=\int_{R^2} f(x)\overline{\varphi_{j,l,k}(x)}\,\mathrm{d}x \tag{2.102}$$

频率域的 Curvelet 变换定义为

$$\begin{aligned}c(j,l,k)&=\frac{1}{(2\pi)^2}\int f(\omega)\overline{\varphi_{j,l,k}(\omega)}\,\mathrm{d}\omega\\&=\frac{1}{(2\pi)^2}\int f(\omega)U_j(R_{\theta_l}\omega)e^{i\langle x_k^{(j,l)},\omega\rangle}\mathrm{d}\omega\end{aligned} \tag{2.103}$$

与小波理论一样，Curvelet 也包括粗尺度和精细尺度下的成分。

定义 4：引入低通窗口 W_0，且满足

$$|W_0(r)|^2+\sum_{j\geqslant 0}|W(2^{-j}r)|^2=1 \tag{2.104}$$

对于 $k_1,k_2 \in Z$，定义粗尺度下的 Curvelet 为

$$\begin{cases} \varphi_{j_0,k}(x) = \varphi_{j_0}(x - 2^{-j_0}k) \\ \hat{\varphi}_{j_0}(\omega) = 2^{-j_0} W_0(2^{-j_0}|\omega|) \end{cases} \tag{2.105}$$

可见，粗尺度下的 Curvelet 不具有方向性。因此整个 Curvelet 变换是由精细尺度下的方向元素 $(\varphi_{j,l,k})_{j\geqslant j_0,l,k}$ 和粗尺度下各向同性的小波 $(\varphi_{j_0,k})_k$ 组成的。连续域中的频率窗 U_j 将频域光滑地分成角度不同的环形，这种分割并不适合图像的二维笛卡儿坐标系。因此，采用同中心的方块区域 $\hat{U}_j$ 来代替，如图 2.4 所示。

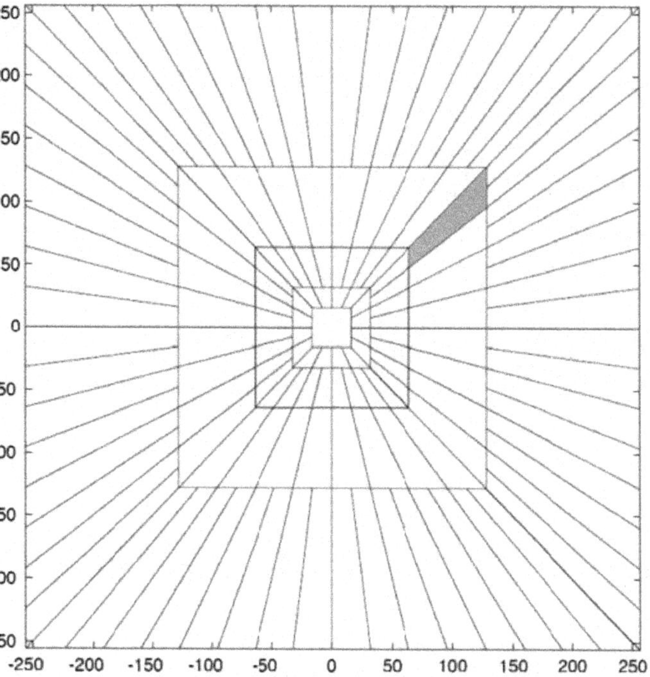

图 2.4　离散 Curvelet 频率空间区域分块图

设信号 $f[t_1,t_2]$，$0 \leqslant t_1 \leqslant t_2 < n$，可以得到离散的 Curvelet 变换。其中，$c^D(j,l,k)$ 是一个离散的 Curvelet 函数：

$$c^D(j,l,k) = \sum_{0\leqslant t_1,t_2<n} f[t_1,t_2]\overline{\varphi^D_{j,l,k}[t_1,t_2]} \tag{2.106}$$

定义 5：定义笛卡儿坐标系下的局部窗为

$$\hat{U}_j(\omega) = \hat{W}_j(\omega)V_j(\omega) \tag{2.107}$$

其中

$$\left.\begin{aligned}\hat{W}_j(\omega)&=\sqrt{\phi_{j+1}^2(\omega)-\phi_j^2(\omega)}\\V_j(\omega)&=V(2^{[j/2]}\omega_2/\omega_1)\end{aligned}\right\},j\geqslant 0 \tag{2.108}$$

ϕ 被定义为一维低通窗口内积：

$$\phi_j(\omega_1,\omega_2)=\phi(2^{-j}\omega_1)\phi(2^{-j}\omega_2) \tag{2.109}$$

引入相同的斜率 $\tan\theta_l=l\times 2^{-[j/2]}$，$l=-2^{[j/2]},\ldots,2^{[j/2]}-1$，则

$$\hat{U}_{j,l}(\omega)=W_j(\omega)V_j(S_{\theta_l}\omega) \tag{2.110}$$

$$\boldsymbol{S}_\theta=\begin{bmatrix}1 & 0\\-\tan\theta & 1\end{bmatrix} \tag{2.111}$$

式中：剪切矩阵 $\boldsymbol{S}_\theta$，角度 θ_l 不是均匀分布的，但它的斜率是均匀分布的。则离散Curvelet定义为：

$$\tilde{\varphi}_{j,l,k}(x)=2^{3j/4}\tilde{\varphi}_j[\boldsymbol{S}_{\theta_l}^T(x-S_{\theta_l}^{-\mathrm{T}}b)]，\quad k_1\times 2^{-j}<b<k_2\times 2^{-j/2} \tag{2.112}$$

离散 Curvelet 变换定义为

$$c(j,l,k)=\int \hat{f}(\omega)\tilde{U}_j(S_{\theta_l}^{-1}\omega)e^{i\langle S_{\theta_l}^{-T}b,\omega\rangle}\mathrm{d}\omega \tag{2.113}$$

由于剪切的 $\boldsymbol{S}_{\theta_l}^{-T}(k_1\times 2^{-j},k_2\times 2^{-j/2})$ 不是标准的矩形，为了使用快速傅里叶算法，将上式重新写为

$$\begin{aligned}c(j,l,k)&=\int \hat{f}(\omega)\tilde{U}_j(S_{\theta_l}^{-1}\omega)\mathrm{e}^{i\langle b,S_{\theta_l}^{-1}\omega\rangle}\mathrm{d}\omega\\&=\int \hat{f}(S_{\theta_l}\omega)\tilde{U}_j(\omega)\mathrm{e}^{i\langle b,\omega\rangle}\mathrm{d}\omega\end{aligned} \tag{2.114}$$

此时就可以利用局部傅里叶基变换实现，具体的实现步骤将在本书第 5 章详细介绍。

2.4.5 基于多尺度分析的多传感器信息融合算法研究

在多传感器融合理论中，同步融合问题得到了较多的研究。然而，实际中经常遇到的是异步融合问题，按照造成异步的原因不同，异步问题可以分为异步采样和传输延迟两大类[141]：第一种是由于各传感器具有不同采样速率而造成的异步采样融合问题；第二种是由于各传感器数据传输延迟不同而导致的无序测量融合问题。本书重点研究异步采样融合问题，对无序测量问题不作研究。

对于异步采样问题，传统的解决思路大多是采用内插、外推等方法对测量数据进行同步处理，然后应用同步融合算法进行系统状态融合估计[150]，但是在同步

处理过程中常常会产生额外的误差，影响了其在实际中的应用。为此，产生了许多改进的异步信息融合算法[162,163]。多尺度分析作为一种新的理论，参与异步多传感器信息的融合，产生了许多新的异步信息融合算法[164,165]，有效地提高了异步信息的融合精度。

当多个传感器对同一目标进行观测时，不同传感器常常在不同的尺度上进行观测，如果综合应用多尺度分析理论、动态系统的估计及辨识理论，则能够获得更多信息，从而降低问题的复杂性和不确定性[94]。多尺度估计是应用多尺度系统理论充分提取观测信息，以获得目标状态最优估计的过程。文献[166]分析了多尺度估计的理论框架，由多尺度融合估计算法在每个尺度上获得状态的多尺度融合估计值，利用多尺度分布式融合估计算法在最细尺度上得到基于多个传感器观测信息的状态变量的全局估计。现在，基于多尺度分析的异步多传感器融合技术在组合导航、实时降噪、多声源融合、图像处理等领域得到了广泛应用[167-170]。

考虑一类多尺度分布式多传感器单模型动态系统[166]：

$$x(N,k+1)=A(N,k)x(N,k)+w(N,k),\ k\geqslant 0 \tag{2.115}$$

$$z(i,k)=C(i,k)x(i,k)+v(i,k),\ k\geqslant 0, i=1,2,\ldots,N \tag{2.116}$$

式（2.115）为在某一尺度 N 上建立的系统动态模型。其中，$x\in R^{N\times 1}$ 是 n 维状态变量，系统矩阵为 $\boldsymbol{A}(N,k)\in R^{n\times n}$，系统噪声是一随机序列 $w(N,k)\in R^{N\times 1}$，且满足：

$$\left.\begin{aligned}&\boldsymbol{E}[w(N,K)]=0\\&\boldsymbol{E}[w(N,k)w^{\mathrm{T}}(N,l)]=Q(N,k)\delta_{kl}\\&k,l\geqslant 0\end{aligned}\right\} \tag{2.117}$$

在 N 个不同的尺度上，不同的传感器以不同的采样速率对系统进行观测，观测方程为式（2.116），其测量值 $z(i,k)\in R^{p_i\times 1}$，$\boldsymbol{C}(i,k)\in R^{p_i\times n}$ 是观测矩阵，测量噪声是一随机序列 $v(i,k)\in R^{P_i\times 1}$，且满足

$$\left.\begin{aligned}&E[v(i,k)]=0\\&E[v(i,k)v^{\mathrm{T}}(j,l)]=R(i,k)\delta_{ij}\delta_{kl}\\&E[v(i,k)w^{\mathrm{T}}(N,l)]=0,k,l\geqslant 0\end{aligned}\right\} \tag{2.118}$$

状态初始值 $x(N,0)$ 为一随机向量，且有

$$E[x(N,0)]=x_0 \tag{2.119}$$

$$E\{[x(N,0)-x_0]x(N,0)-x_0)^{\mathrm{T}}\}=P_0 \tag{2.120}$$

假设 $x(N,0)$、$w(N,k)$、$v(i,k)$之间是统计独立的。在本节，假设系统的状态模

型是在某一尺度（采样率表示为2^{N-1}）上进行描述的，对同一目标有N个传感器在不同尺度i（采样率表示为2^{i-1}）上进行观测，两相邻尺度之间的采样率为2倍关系。如果相邻尺度之间的采样率不满足2倍关系，可以应用M进制小波和有理小波进行分析[171]。

2.4.6 多尺度最优融合估计算法

1. 算法描述

为了便于算法的描述，假设系统矩阵和观测矩阵均为常阵[166]，即

$$\boldsymbol{A}(N,k)\equiv\boldsymbol{A}(N),\boldsymbol{Q}(N,k)\equiv\boldsymbol{Q}(N) \tag{2.121}$$

$$\boldsymbol{C}(i,k)\equiv\boldsymbol{C}(i),R(i,k)\equiv R(i) \tag{2.122}$$

根据系统多尺度分析方法，将尺度上N的状态方程和各个尺度上的观测方程向粗尺度上进行分解，在尺度$i(1\leqslant i\leqslant N-1)$上得到

$$x(i,k+1)=\boldsymbol{A}(i,k)x(i,k)+w(i,k),k\geqslant 0 \tag{2.123}$$

$$E[w(i,k)]=0,E[w(i,k)w^{\mathrm{T}}(i,k)]=\boldsymbol{Q}(i) \tag{2.124}$$

$$z^{j}(i,k)=\boldsymbol{C}^{j}(i,k)x(i,k)+v^{j}(i,k),k\geqslant 0,j=N,N-1\ldots,i \tag{2.125}$$

$$v^{j}(i,k)\sim N(0,R^{j}(k)),\ \ j=N,N-1,\ldots,i \tag{2.126}$$

$$E[v^{j_1}(i,k)v^{j_2}(i,l)]=R^{j_1}(i)\delta_{j_1j_2}\delta_{kl},j_1,j_2=N,N-1,\ldots;i,k,l>0 \tag{2.127}$$

其中

$$\boldsymbol{C}(i)=\boldsymbol{C}(i+1)\boldsymbol{C}(i+1),\ \ i=1,2,\ldots,N-1 \tag{2.128}$$

$$\boldsymbol{A}^{j}(i)=\boldsymbol{A}^{j}(i+1),\ \ j=N,N-1,\ldots,i;i=1,2,\ldots,N-1 \tag{2.129}$$

$$\boldsymbol{Q}(i,k)=[\boldsymbol{C}(i+1,2k-1)\boldsymbol{Q}(i+1,2k-1)\boldsymbol{C}^{\mathrm{T}}(i+1,2k-1)+\boldsymbol{Q}(i+1,2k-1)]/2 \tag{2.130}$$

$$\boldsymbol{R}^{j}(i)=\boldsymbol{R}^{j}(i+1,2k)/2 \tag{2.131}$$

为了方便表达，设

$$\boldsymbol{A}^{j}(i,k)=\boldsymbol{A}(i,k) \tag{2.132}$$

$$\boldsymbol{R}^{j}(i,k)=\boldsymbol{R}(i,k) \tag{2.133}$$

这样，在尺度i上就得到了描述状态的系统方程式（2.123）和（$N-i+1$）个观测方程式（2.125）及其测量值，从而在尺度i上构成了（$N-i+1$）个虚拟同步传感器无反馈分布式融合结构，可以结合全局信息不反馈最优分布式估计融合算法，构建尺度i上的融合估计，即形成多尺度最优融合估计算法。算法如图2.5所示。

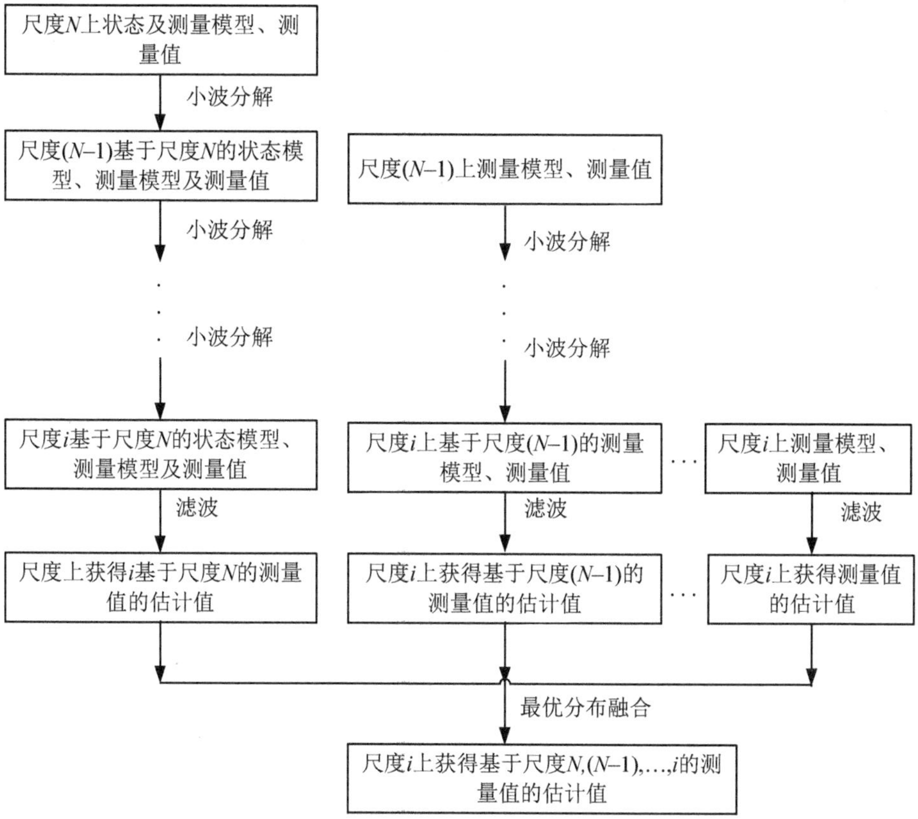

图 2.5　多尺度最优融合估计算法框图

2. 算法实现

（1）在尺度 N 上建立系统方程，在各尺度上建立观测方程。

（2）将尺度 N 上的状态方程向尺度 i 分解，并将尺度 j（$i+1\leqslant j\leqslant N$）上的传感器测量值分解到尺度 i 上。

（3）在尺度 i 上，根据（$N-i+1$）个系统方程、观测方程及测量值，分别进行虚拟传感器子系统的状态估计，得到（$N-i+1$）个状态估计值。

（4）在尺度 i 上，将得到的（$N-i+1$）个系统状态估计值进行同步信息分布式无反馈最优融合估计，从而得到基于尺度 $N,N-1,\ldots,i$ 上各传感器测量值的系统状态融合估计。

至此，实现了基于尺度 N 上的系统模型、尺度 $N,N-1,\ldots,i$ 上的观测模型及测量信息在尺度 i 上的状态融合估计。

2.5 本章小结

本章主要论述含沙量检测多源融合和多尺度分析的理论基础，详细论述了按标量加权的多传感器线性最小方差最优融合模型，重点介绍了小波和第二代Curvelet 的多尺度分析方法，为黄河含沙量检测多源数据融合和多尺度分析提供了理论指导。

第 3 章　悬浮含沙量测量原理及方法

根据测量原理的不同，含沙量测量方法可分为直接测量方法和间接测量方法。直接测量方法包括烘干法和比重法；间接测量方法包括射线法、红外线法、超声法、振动法、激光法和电容法、压差法等[172]。本章详细讲解了含沙量检测方法和技术及其理论依据，重点讲解了超声波测量含沙量的工作原理，详细论述了超声波检测含沙量的方法。本章最后还给出了物理测沙的基本适用条件和主要影响因素，以及物理测沙的衡量指标，为含沙量在线检测提供了参考，并为开展黄河泥沙含量检测指明了研究方向，为实际的含沙量检测工作提供了指导。

3.1　含沙量直接测量方法

人们在很早以前就对含沙量的测量进行了研究，最早人们主要采用直接取样测量的方法，包括烘干法和比重法。烘干法又叫称重法，即取一定量的样品，测量其原重和烘干后的重量，从而确定泥水中的含沙量。采用烘干法可测量两种形式的含沙量：体积含沙量 ρ_V 和重量含沙量 ρ_m 。二者的关系如下：

$$\rho_m = \rho_s \rho_V /(1-\rho_V)\rho_V + \rho_s \rho_V \tag{3.1}$$

式中： ρ_s 为标准泥沙的比重； ρ_w 为清水密度； $\rho_\mathrm{s} = 2.65\times 103\mathrm{kg/m^3}$ ； $\rho_\mathrm{w} = 1.0\times 103\mathrm{kg/m^3}$ 。

随着电子天平的使用，称重精度得到很大提高，烘干法测量含沙量被认为是目前最准确的方法之一。但由于烘干法需要对待测样品进行烘干，而烘干温度一般为 105℃左右，加热需 11 个小时左右，长期高温加热会造成土壤中有机物质被碳化，而使测量的含沙量偏小，对烘干温度和加热时间的要求也使得整个测量过程费时费力。在野外，人们使用烘干法现场测量含沙量时所采用的酒精燃干法会使所测含沙量产生较大误差，因而在野外测量中人们一般采用比重法[173,174]。

比重法根据泥沙对比重的影响来确定含沙量，测量时可采用比重计，也可用天平和量筒。如测得样品的总重量为 G（kg），体积为 V（$\mathrm{m^3}$），则样品中的含沙量（$\mathrm{kg/m^3}$）为

$$\rho_s = \frac{\left(\frac{G}{V} - \rho\right)\rho}{\rho_v - \rho} \tag{3.2}$$

用比重法测量含沙量所用设备简单，测量方法更快、更直接。但含沙量较高时，由于量筒的数据很难读准，在一定程度上会影响测量结果的精度。就测量精度而言，烘干法与比重法相比精度更高。

以上两种测量方法所产生的误差主要来自于采样。首先是因为采样的随机性对测量结果产生了影响，由于每次采样都需要一定的采集量，而流量和含沙量不同，采样的时间长短不同，因而测量结果只是随机时间段内的平均值，而无法反映径流含沙量的及时变化。其次是在不同坡长处，不同时间实现侵蚀含沙量的测量有一定难度，而用一定坡长处测量的含沙量结果作为该区的侵蚀量的合理性还有待于进一步探讨。由此可见，虽然以上两种经典方法测量比较准确，但由于其测量任务相当繁重，加之采样所引起的系统误差不能满足日新月异的科学需要，人们于近年研究出了许多新的测量方法[175,176]。

3.2 含沙量间接测量方法

3.2.1 射线法

利用$\gamma(x)$射线测量密度（浓度）和厚度的原理都是建立在介质对$\gamma(x)$射线的散射或吸收的作用上。在单能窄束$\gamma(x)$射线的条件下，强度I将随着所通过的介质的质量厚度的增加而按指数规律减弱。

当强度为I的$\gamma(x)$射线穿过厚度为d（即放射源与探头间的距离）的浑水后，射线被浑水所吸收，根据水和沙对$\gamma(x)$射线共同吸收的原理，得

$$I = I_0 \exp[-(u_{沙} - u_{水})d_{沙}] \tag{3.3}$$

式中：I_0为$\gamma(x)$射线穿过厚度为d的清水吸收体后的强度；I为$\gamma(x)$射线穿过厚度为d的浮水吸收体后的强度；$u_{沙}$为泥沙的线性吸收系数；$u_{水}$为清水的线性吸收系数；$d_{沙}$为泥沙厚度；$d = d_{水} + d_{沙}$，其中$(u_{沙} - u_{水})d_{沙} = BC$，$B$为常数，$C$为含沙量，则

$$I = I_0 \exp(-BC) \tag{3.4}$$

用$\gamma(x)$射线穿过厚度为d的深水后的计数率N来表示，所以

$$N = N_0 \exp(BC) \tag{3.5}$$

式中：N为$\gamma(x)$射线穿过厚度为d的浑水后的计数率；N_0为$\gamma(x)$射线穿过厚度为

d 的清水后的计数率，即

$$\ln N = \ln N_0 - B \cdot C \quad (A = \ln N_0) \tag{3.6}$$

试验时，先作出标准曲线，当测得计数率时，即可查标准曲线或计算得到含沙量。$\gamma(x)$ 射线法可以进行非接触测量，在适当的放射源下具有很高的稳定性和极长的使用寿命，抗干扰能力强，反应时间短，并且有较高的精度，因而应用极其广泛，具有很好的发展前景。但目前 $\gamma(x)$ 射线法尚未被应用于泥沙含量的测量。

3.2.2 红外线法

红外线与其他光一样，当通过悬沙水体时，溶质要吸收光能，吸收的数量与吸收介质及深度有关，同时泥沙颗粒要对光进行散射。当射线进入某一水体被吸收后，透过光的强度与入射光的强度之间的关系，由朗伯-贝尔定律确定：

$$I = I_0 \mathrm{e}^{-UCL} \tag{3.7}$$

式中：I_0、I 为入射光强度；U 为吸收系数；L 为介质的厚度；C 为介质的浓度。如果 U、L 为已知数，那么就可以通过透射与入射光线的能量关系来确定吸收物质的浓度。同理，此时反射（折射、散射）光线方向上光线强度 I_E 为 $I_E = (I_0 - I)$（辐射能及其他能的损耗忽略）。

我们假设在反射光线方向上有一红外接收传感器，接收圆锥体空间为 A，接收光强度为 I_F，则 $I_F = I_E \cdot B$。B 为与 U、L 等有关的综合系数，从而得到接收光强度与泥沙含量之间的函数关系。

3.2.3 振动法

根据振动学原理，当棒体谐振时，其第一固有谐振频率（亦称基频）为

$$f = \frac{\pi}{2L^2}\sqrt{\frac{EJ}{\rho}} \tag{3.8}$$

式中：$\rho = \frac{\pi^2 EJ}{4L^4}T^2$，其中 L 为棒体长度，E 为扬氏弹性模量，J 为绕转动中心的惯性矩，T 为振动周期（$T = 1/f$）。对于同一材料和同一种端点固定型式，E、J、L 均为定值，令

$$k = \frac{\pi^2 EJ}{4L^4} \tag{3.9}$$

则

$$\rho = kT^2 \tag{3.10}$$

式（3.10）表明棒的密度与棒体振动周期的平方成正比。若用一内部充满水的金属空管代替棒体，则其密度与管子材料和水的质量有关。当注入不同含沙量的水体时，可视为整个棒体的密度发生了变化。所以，不同含沙量的水对应不同的振动周期，从而通过测得密度可知含沙量。用振动法测含沙量时，仪器稳定性较差，零点漂移严重，而且在测低含沙量时受温度影响较大。

3.2.4 激光法

激光法在含沙量的测量方法中很有应用前景。利用光吸收法不仅可以同时测得含沙量和颗粒直径，而且可以以颗粒直径测量结果来校正浓度，从而提高测试精度。同时采用激光作光源，由于激光具有高度的空间相干性、时间相干性及高度集中的能量密度，特别是与计算机的结合及光导纤维的应用，使外界漂移或扰动的影响大大减小，并可实现实时自动分析，进一步提高了测试效率和测试精度。但这种设备不仅笨重、庞大，而且成本较高，很难广泛使用。

根据理论及试验，激光接收信号与含沙量间关系可表示为：

$$V_{\mathrm{dc}} = V_0 \exp(-\alpha C_V) \tag{3.11}$$

式中：V_0为清水中的接受信号；V_{dc}为接收信号（直流电压）；α为衰减系数；C_V为体积浓度。

3.2.5 电容式传感器测量法

传统观点认为，用电容式传感器作为含水率的敏感元件，在低含水率段有良好的工作特性，且多用固态物料水分的测量。当含水率超过 30%～50%时，由于大量导电离子水构成两电容极板间的导体，从而失去对含水率的分辨能力。也没有用电容式传感器进行水流泥沙含量测量的先例，这是因为被测介质为液态水流，其电磁特性及各种因素的干扰与影响更加难以解决。

泥沙与水的混合实际上是固液两相的混合物，利用泥沙与水的混合物引起的介电常数差异的电物理特性，采用变介电常数电容式传感器原理，可将被测泥沙含量的变化转换成电容量的变化。

李小昱等自行研制的电容传感器有两种形式[70]：平板式电容传感器和同轴圆筒式电容传感器，其结构示意图如图 3.1 所示。由于水在低频电场中为电的良导体，故电极之一覆盖一层薄绝缘介质，消除含水导电效应。同时为了减少外界信号的干扰，电极系统加屏蔽，信号传输线路采用屏蔽电缆。

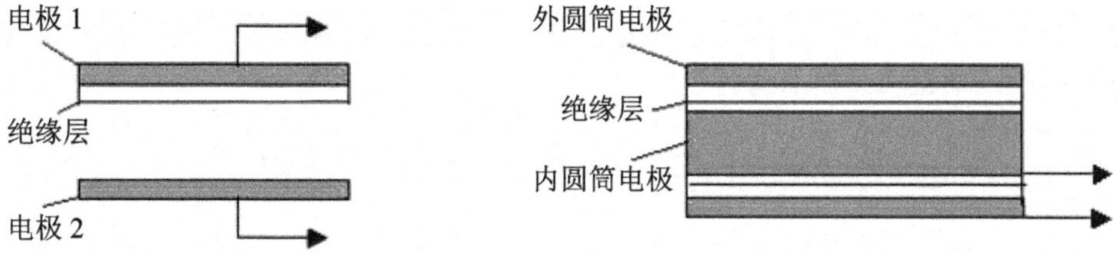

（a）平板式电容传感器　　（b）同轴圆筒式电容传感器

图3.1　传感器结构示意图

虽然电容式传感器测得的结果精度比较高，但其受温度的影响比较大。现在提出一种方法-曲线拟合法，可以进行温度补偿。对应不同的工作温度，电容传感器有不同的输入（泥沙含量S）-输出（电压U）特性。如果能够确定工作温度为T时相应的S-U特性，由传感器的输出值$U(S,T)$读取被测量S，从原理上不存在温度引入的误差，但通过标定试验只能在有限数量的几个温度值条件下标定输入-输出值。通过曲线拟合法，可以找出在工作温度范围内非标定条件任意温度T状态下的S-U特性。

由各种试验结果可知，工作温度为0℃～45℃时，泥沙含量与电容传感器的关系是线性的，经检验极为显著，而且传感器输出值$U(T)$与输入值S在原理上是不存在温度误差的。

3.3　超声波测量含沙量的工作原理

3.3.1　超声波简介

振动在弹性介质内的传播称为波动，简称波。频率在16～20000Hz之间的机械波，能为人耳所闻的称为声波；低于16Hz的机械波称为次声波；高于20000Hz的机械波称为超声波[177,178]。

超声波是超声振动在介质中的传播，是在弹性介质中传播的一种机械波，工作频率在0.5～10MHz之间的超声波常用于工业超声检测。较高的频率主要用于细晶材料和高灵敏度检测，较低的频率则常用于衰减较大和粗晶材料的检测。

与其他波动一样，超声波也是一种机械波，即机械振动。当一质点做直线振动时，取平衡位置为原点，可以用质点离平衡位置的位移k随时间t变化的函数$\xi=\phi(t)$来描述这一直线振动运动规律。有些情况下，这个函数是周期性的，即$\phi(t)=\phi(t+T)$，这种振动叫作周期性振动。当上述函数ϕ是最简单的周期函数（即

余弦函数或正弦函数）时，这种最简单也是最基本的周期振动就叫作余弦（或正弦）振动或谐振动。振动公式为

$$\xi_m \cos\left(\frac{2\pi}{T}t+\varphi\right)=\xi_m \cos(2\pi ft+\varphi)=\xi_m \cos(wt+\varphi) \tag{3.12}$$

式中：ξ_m 为质点离开平衡位置的最大位移，叫作振幅；T 为周期，$f=\frac{1}{T}$ 为频率；$w=2\pi f=\frac{2\pi}{T}$ 为圆频率；$wt+\phi$ 表示谐振的相位角；ϕ 表示初始相位。

可以证明，任何复杂振动都是由若干个不同频率的谐振所组成的。周期性的复杂振动可以用傅里叶级数的方法分解为许多个谐振动，其频率都是由一个最低频率 F 和其整数倍组成，F 叫作基频，其他的则叫作倍频。非周期的复杂振动可以用傅里叶积分的方法分解为无数多个频率连续变化的谐振动。

如果在垂直于波的传播方向的任一平面上，所有各点都做相同的振动，这种波就称为平面波。假定 X 轴是声波的传播方向，在原点 X=0 的平面上各点的振动状态为 $\xi=\xi_{m_0}\cos wt$，如果声波的传播速度为 c，那么时间 t 后，波动将向前传递一段距离 x=ct。因为是理想的无衰减媒质，声波又没有扩散，所以振幅并不改变。因此，在距离为 x 处的振动可以写成

$$\xi=\xi_{m_0}\cos w\left(t+\frac{w}{c}\right) \tag{3.13}$$

式（3.13）叫做声波沿 x 方向传播的平面余弦波在理想媒质中的波动方程。平面波传播时声束不发生扩散，如果它的振幅随传播距离逐步变小，则是由媒质对声波传播的衰减作用所致。

考虑了振幅的衰减后，可以写出有衰减时沿 X 轴传播的平面余弦波方程：

$$\xi=\xi_{m_0}\mathrm{e}^{-\alpha x}\cos w\left(t-\frac{x}{c}\right)=\xi_{m_0}\mathrm{e}^{-\alpha x}\cos(wt-kx) \tag{3.14}$$

式中 α 是媒质对声波的衰减系数。

3.3.2 超声波的主要物理特性

（1）波动特性。

超声波与其他波动一样，具有频率 f、声速 c 与波长 λ 三个物理量。三者关系为：

$$c=f\lambda \tag{3.15}$$

超声波的频率范围在 2×10^4～10^{13} Hz 之间，其在不同介质中传播时的声速不同。

（2）束射特性。

超声波传播具有方向性和射线性。在相同的辐射条件下，对于有方向性的换能器而言，随着频率的提高，其方向性更加尖锐。在离声源较近的一段，波束几乎平行，称为近场。近场范围为

$$L << \frac{r^2 f}{c} \tag{3.16}$$

式中：L 为近场长度；r 为换能器探头半径。在远离声源地区，波束向四周稍有扩散，其每侧扩散波束与平行波束之间形成θ 角，称为半扩散角。对于圆盘状的超声换能器有：

$$\sin\theta = 1.22\frac{\lambda}{2\pi r} \tag{3.17}$$

式中：λ 为波长；r 为圆盘换能器半径；θ 为远场区半扩散角。

（3）射线特性。

由于超声波可以成束发射，直线传播，方向性强。在传播过程中，当遇到两种声阻抗率（ρc）的物质所形成的界面时，就产生声波的反射和折射现象。超声的反射和折射遵循几何学规律。两种介质交界面的声阻抗率差别越大，反射越强，透入到第二介质的声能就越小。

反射声压与入射声压之比称为声压反射系数R_r：

$$R_r = \frac{\rho_2 c_2 - \rho_1 c_1}{\rho_2 c_2 + \rho_1 c_1} \tag{3.18}$$

式中：$\rho_1 c_1$是介质 I 的声阻抗率；$\rho_2 c_2$是介质 II 的声阻抗率。投射声压与入射声压之比称为声压透射系数Γ：

$$\Gamma = \frac{2\rho_2 c_2}{\rho_2 c_2 + \rho_1 c_1} \tag{3.19}$$

（4）吸收特性。

超声波在传播过程中除了波阵面扩大引入的衰减以外，主要是传播介质的吸收，如分子间的黏滞、热传导、散射等都是引起介质吸收的原因。对于一个考虑介质吸收的简谐平面波，其质点振动位移可以表示为

$$\xi = \xi_0 e^{-\alpha x} e^{j(wt-kx)} \tag{3.20}$$

式中α 为介质吸收（衰减）系数。

（5）多普勒效应。

发射超声波时，当声源与被测物体间有相对运动时，会使反射的超声频率发生改变，即发生频移。运动速度越大，频移也越大，此种现象称为多普勒效应。

计算公式为

$$\Delta f = 2\upsilon\frac{\cos\theta}{\lambda} \tag{3.21}$$

式中：Δf 为频移值；υ 为被测运动体的速度；θ 为入射超声方向与运动方向间的夹角；λ 为波长。

（6）超声空化效应。

所谓空化，即空腔在液体中形成又迅速闭合。产生空化的原因是，当液体绕流各障碍物时，在液体中产生足够大的拉张应力。但当超声声压超过某一阈值时，液体也会产生空化，这是超声波在负半周对介质拉伸时将其撕裂而产生的。同时，当空化腔崩溃时将产生强烈的局部冲击波。

3.3.3 超声波在含沙水中的传播机理

黄河水中含有大量泥沙，是泥沙固体颗粒分散在液体中形成的混合物，称悬浮液。悬浮液是由液体连续相和固体分散相组成的两相混合物，声波在悬浮液的声速和声衰减系数不但取决于组成成分的性质和含量，而且受到液体-固体界面黏滞摩擦、粒子散射等相互间作用的影响，而这些相互作用又与液体黏度、界面活性、颗粒大小与形状和声波频率密切相关。特别需要指出的是，在低浓度时，相互作用仅限于固液两相之间；而对于高浓度悬浮液，由于液相被显著增稠和颗粒相距过近，相互作用将明显复杂化[179]。

（1）悬浮液的密度。对于二元悬浮液，若液相密度为ρ_1，体积分数为V_1；固相密度为ρ_2，体积分数为V_2，则悬浮液的密度为

$$\rho = \rho_1 V_1 + \rho_2 V_2 = \rho_1(1 - V_2) + \rho_2 V_2 \tag{3.22}$$

（2）悬浮液的声速。在其浓度尚未达到颗粒接触和不考虑散射作用的情况下，悬浮液声速与有关因素的关系为

$$c = \left(\frac{k}{\rho}\right)^{\frac{1}{2}} \left\{ \frac{2(\theta^2 + Q^2)}{\theta^2 + PQ[(\theta^2 + P^2)(\theta^2 + Q^2)]^{\frac{1}{2}}} \right\}^{\frac{1}{2}} \tag{3.23}$$

其中

$$k = \left(\frac{v_1}{k_1} + \frac{v_2}{k_2}\right)^{-1} \tag{3.24}$$

$$P = \frac{\rho_2 v_2}{\rho_1 v_1 + \rho_2 v_2} + \tau \tag{3.25}$$

$$Q=\frac{\rho_2 v_1^2}{\rho_1}+v_1 v_2+\tau \tag{3.26}$$

$$\tau=\frac{1}{2}+\frac{9}{4\beta a} \tag{3.27}$$

$$\theta=\frac{9}{4\beta a}\left(1+\frac{1}{\beta a}\right) \tag{3.28}$$

$$\beta=\left(\frac{w}{2\mu}\right)^{\frac{1}{2}} \tag{3.29}$$

式中：v_1和v_2分别是液体相和固体相的体积模量；μ为液相的运动黏度；a为固体颗粒的半径（假定其大小均一）；$w=2\pi f$，f为声波频率。将式（3.23）对βa求导，所得导数大于零，故声速随频率升高、粒径增大和粘度降低而单调升高。在两种极端情况下有

$$\beta a>>1,\quad c=\left(\frac{k}{\rho}\right)^{\frac{1}{2}} \tag{3.30}$$

这时声速随频率和粒径单调增加：

$$\beta a<<1,\quad c=\left(\frac{k}{\rho}\right)^{\frac{1}{2}}\left(\frac{Q}{P}\right)^{\frac{1}{2}} \tag{3.31}$$

这时声速随浓度单调增加。当满足式（3.32）的条件时，在某一浓度下，声速呈极小值。随着浓度值的增大，声速极小值位置向低浓度方向移动，直至消失。在后一种情况下，声速随浓度增大而单调升高。

$$\frac{\rho_1-\rho_2}{\rho_1}>\frac{k_2-k_1}{k_2} \tag{3.32}$$

3.3.4 悬浮液的衰减

在浓度未达到颗粒接触且不计散射时，悬浮液的黏滞衰减为

$$\alpha_v=V_1^2 V_2\theta w\rho_1\left(1-\frac{\rho_2}{\rho_1}\right)^2\left(\frac{k}{\rho}\right)^{\frac{1}{2}}[2\theta^2+Q^2]^{-\frac{1}{2}}\cdot\{\theta^2+PQ+[(\theta^2+\rho^2)(\theta^2+Q^2)]^{\frac{1}{2}}\}^{\frac{1}{2}} \tag{3.33}$$

式（3.33）适用于整个浓度范围，称为高浓度公式。该式考虑了颗粒之间的相互作用。在某一浓度下，衰减有极大值出现，且峰值位置随βa的增大而移向高浓度方向。当$\beta a<<1$时，式（3.33）转化为

$$\alpha_v = \frac{V_1^2 V_2 \rho_1 \left(1 - \frac{\rho_2}{\rho_1}\right)}{9\mu} \left(\frac{k}{\rho}\right)^{\frac{1}{2}} w^2 \alpha^2 \tag{3.34}$$

这时黏滞衰减和频率的平方成正比，与粒径的平方成正比。泥沙悬浮液的衰减极大值在$V_2 = 28\%$。当$\beta a >> 1$时式（3.33）转化为：

$$\alpha_v = \frac{9}{4} V_1^2 V_2 \rho_1 \left(1 - \frac{\rho_2}{\rho_1}\right) z \left(\frac{KQ\mu}{2\rho P}\right)^{\frac{1}{2}} \frac{w^{\frac{1}{2}}}{\alpha} \tag{3.35}$$

显然，α_v-α曲线也将有峰值出现。这时黏滞衰减和频率的$\frac{1}{2}$次幂成正比，和粒径成反比，泥沙悬浮液的衰减极大值在$V_2 = 52\%$。当浓度很低时，式（3.24）即转化为Epstein的稀悬浮液衰减公式：

$$\alpha_V = \frac{wV_2}{2} \left(\frac{k}{\rho}\right)^{-1/2} \left(\frac{\rho_2}{\rho_1}\right) \left[\frac{\theta}{\theta^2 + \left(\frac{\rho_2}{\rho_1} + \tau\right)}\right] \tag{3.36}$$

严格地说，悬浮液的衰减系数中包括了各个成分及其相互作用的贡献，后者（各成分相互作用的衰减）也称为逾量衰减。在由水和无机非金属颗粒组成的悬浮液中，后者远大于前者（各个成分的衰减）。逾量衰减α'由粘滞吸引和散射衰减两项组成：

$$\alpha' = \alpha_v + \alpha_s \tag{3.37}$$

式中，α_s在粒径远小于波长时为瑞利散射，随频率升高和粒径增大而单调升高。在粒径较大时为广义散射，随频率升高和粒径增大而单调升高。

3.3.5 超声波面积比值法测量含沙量

根据声学原理，起始声强为J_0的声波经过行程x后的声强J_x为

$$J_x = J_0 e^{-k\alpha x} \tag{3.38}$$

式中：α为媒质吸收系数（NP/cm）；x是发射与接收组件间的距离。对于浑水，引起超声波衰减的主要因素可分为两部分：

$$\alpha = \alpha_W + \alpha_P \tag{3.39}$$

式中：α_W为水的吸收系数；α_P为悬浮粒子引起的附加吸收，主要由黏滞吸收α_v和散射吸收α_S组成。

（1）黏滞吸收α_v。

当沙的粒径很小或者声波的频率很低时，即满足$Ka << 1$（K为波数，a为沙

粒半径）的条件下，声的衰减主要由黏滞吸收引起（对于高浓度情况，这个公式需要修正）。

$$\alpha_V = \frac{1}{2}\cdot\frac{wv_2}{2}\left(\frac{K}{\rho}\right)^{-\frac{1}{2}}\left(\frac{\rho_2}{\rho_1}-1\right)^2\frac{\theta}{\theta^2+\left(\frac{\rho_2}{\rho_1}+\tau\right)} \tag{3.40}$$

（2）散射吸收 α_S。

浑水中的散射吸收机理相当复杂。根据泥沙粒径大小与波长的关系，散射吸收系数可分为三种情况：

$$a \ll \lambda \quad \alpha_S = C_1V_2\alpha^3f^2 \tag{3.41}$$

$$a \approx \lambda \quad \alpha_S = C_2V_2\alpha f^2 \tag{3.42}$$

$$a \gg \lambda \quad \alpha_S = C_3V_2\frac{1}{\alpha} \tag{3.43}$$

式中：C_1、C_2、C_3 为常数，因沙粒特性而定；a 为泥沙半径；V_2 为泥沙体积浓度；f 为声波频率。含沙量 S 与 K 的关系为

$$S = \rho_2V_2V \tag{3.44}$$

式中：V 为浑水的单位体积；ρ_2 为沙粒密度。

（3）频率选择。

对于某些液固两相介质，衰减系数与粒径的关系是随着固体粒子的粒径变化而变化，分为散射衰减区、粘滞衰减区和衍射衰减区。根据黄河泥沙平均粒径的范围，精选基频（如 1.5MHZ），再利用其复频（如 3MHZ、4.5MHZ），以期达到减小沙粒粒径变化对测量结果的影响。

（4）发射机的功率。

选择换能器频率后，根据发射和接收换能器的距离、河流中含沙量的变化范围等，计算仪器发射功率。确保在一定的发射功率下，超声波穿过浑水介质后，接收换能器接收到足够的衰减信号。同时，还要考虑到仪表的稳定性和一定的分辨率。综合以上因素，选择发射机的发射功率为 2～5W。

3.3.6 检测方法

将超声波传感器置于密度远大于浑水平均密度的两平行平板（不锈钢）的一侧，当发射的声脉冲透过浑水介质后，尚有部分声能被反射板反射至声源，产生二次反射。如此往复反射。

设反射为镜面反射，则第 i 个声压幅值可表示为

$$V_{pi} = V_{p0} \exp(-2iL\alpha) \tag{3.45}$$

式中：L 为两平行板间距；α 为衰减系数。吸收系数α决定回波脉冲所包络的面积，其面积值 A 与吸收系数α有如下关系：

$$A = \int_0^{\infty} V_{pt} . \exp(x\alpha) \mathrm{d}x = \frac{V_{pi}}{\alpha} \tag{3.46}$$

式中x相当于$2iL$。如果前面提到的发射机、传感器、接收机的性能参数都是稳定的，则可通过测量面积 A 求得衰减系数α。“面积法”比单次衰减测量更进了一步，但仍达不到应用要求，因此提出“面积比值法”。这种方法实际上是一种相对测量方法，是超声波反射法和衰减法的综合应用[180]。

$$\frac{A_1}{A_2} = \frac{\Delta ABC}{\Delta DEC} = \frac{\int_0^{\infty} V_{pi} \cdot \mathrm{d}x}{\int_{2L}^{\infty} V_{pi} \cdot \mathrm{d}x} = \exp(-2L\alpha) \tag{3.47}$$

$$\alpha = \frac{1}{2L} \ln\left(\frac{A_1}{A_2}\right) \tag{3.48}$$

两式中：A_1为第一回波脉冲以后所包络的面积；A_2为第二回波脉冲以后所包络的面积。不难证明，这一相对测量方法中发射声强V_{pi}及接收机总增益发生变化时，A_1和A_2的比值是不变的，即衰减系数不变。采用一阶逼近计算包络面积，因比值保持不变，即

$$\frac{A_1}{A_2} = \frac{A_1'}{A_2'} \tag{3.49}$$

则式（3.38）可写作：

$$\alpha = \frac{1}{2L} \ln\left(\frac{\sum_{i=1}^{\infty} V_{pi}}{\sum_{i=2}^{\infty} V_{pi}}\right) \tag{3.50}$$

或者

$$\alpha = \frac{1}{2L} \ln\left(\frac{\sum_{i=1}^{n} V_{pi}}{\sum_{i=2}^{n} V_{pi}}\right) \tag{3.51}$$

3.3.7 超声波含沙量传感器电路设计

超声波含沙量传感器选择了上海美希测量技术设备有限公司研制的管道式超声在线含沙量计[181]，由发射器和接收器组成，直径约 40mm，厚约 30mm。传感器安装在耦合装置两侧。耦合装置中间为一段不锈钢管道，管道两端为法兰，其直径可根据安装场合的不同进行调整。超声波传感器采集泥沙信息，经变送器转为 0～5000mV 模拟电压信号，再经多通道模拟量输入模块送入 PLC。前端传感器电路设计如图 3.2 所示。

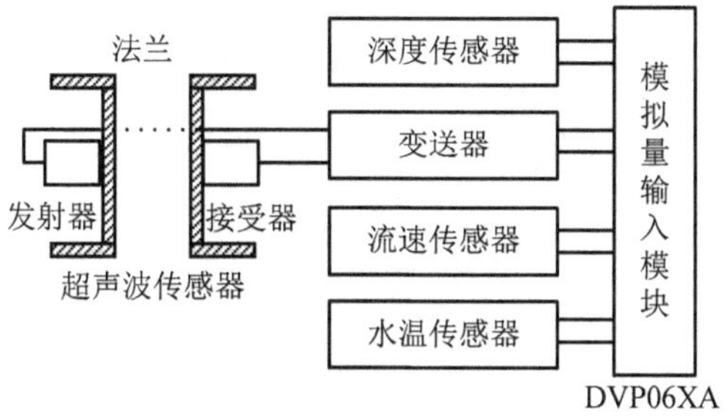

图 3.2 前端传感器电路设计

本系统采用的流速仪是重庆水文仪器厂制造的 LS25-3。其工作原理是当流速仪与流体之间有一定的相对速度时，转子受到水动力的作用而旋转，在一定速度范围内，其旋转速度与该相对速度成正比，从而可以标定出流速。为了测出测点的深度，系统选择了广州康宇公司生产的磁致压力传感器，其量程可达 0～170m，达到“模型黄河”深度的要求。系统所用到的温度传感器是 PT100，这是一种用白金制成的电阻式温度检测器，属于正电阻系数。

由于 PLC 具有使用方便、可靠性高、抗干扰能力强等特点，本系统选用台达 DVP-14SS 作为控制器，实现了数据处理和系统监控功能，具体设计请参考第 5 章。DVP-14SS 有 8 个输入接点和 6 个输出接点，具有性价比高、性能稳定等优点。模拟量输入/输出模块选用的是台达公司的 DVP-06XA，包含 4 条模拟信号输入通道（电压或电流皆可）。使用者可经由配线选择电压输入或电流输入。本设计中，深度、流速和温度传感器输入的都是 4～20mA 标准电流，V+和 I+端子要串接。而超声波传感器输入的是 0～5000mV 模拟电压信号，CH2 通道只接 V2+端子。PLC 和模拟量模块连接如图 3.3 所示。

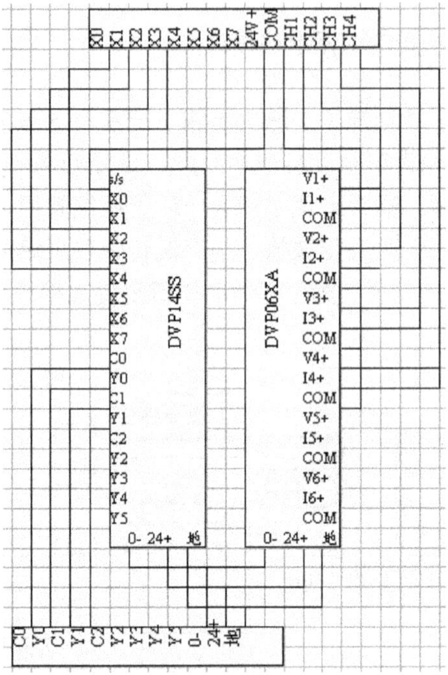

图 3.3　PLC 和模拟量模块连接图

3.4　物理测沙的基本适用条件和主要影响因素

3.4.1　物理测沙感应区的浑水体系

均匀的浑水体系包括两方面的意思：其一是浓度或含沙量均匀。其二是泥沙颗粒的级配均匀，两者的联系表现在后者常常影响前者。均匀的浑水进入物理测沙感应区域后，不致产生质量集度偏离而带来测量误差。一般来说，细颗粒泥沙在高紊动条件下容易形成均匀浑水，有利于物理测沙。

当泥沙颗粒不均匀，特别是有粗颗粒时，难于和水形成浑匀体系。这种情况对压力传感类仪器的影响主要是沉降分层或填堵传压口；对振管型传感器来说，曾有人担心浑水或其中的沙粒和振管是否作为整体同步、同频振动。一般来说，除极大的颗粒外，浑水与振管的同步振动不会有显著的差异。超声波在浑水中的衰减包括黏滞衰减和颗粒的衰减。泥沙颗粒尺度与声波波长或频率的对比关系不同，其衰减规律也不同。综合来看，浑水对声波的吸收至少与含沙量、粒径和频率（或波长）有关，而不是含沙量的单一函数。

3.4.2 浑水中气泡等杂质对稳定性的影响

水流掺气和气泡体积随紊动强弱的变化，会造成水体的密度不稳定，使以密度变化为基础的物理测沙受到干扰气泡对波粒衰减传播，特别是对超声的影响很大，严重时甚至会导致测量失败。其他非泥沙的杂质或因质量不同或因构成不同，也会影响物理测沙的稳定性。这都相当于浑水体的自然噪声，当噪声具有一定规律时可按产生规律考虑剔除，也可经率定减少噪声的干扰。为了保证浑水均匀和消除气泡等的影响，试验池增大含沙量时应加入久泡的泥浆，而不要直接加入干沙。

3.4.3 温度变化对测量结果的影响

温度变化对测量结果的影响在于三个方面：其一，使浑水物理效应的性质或参数发生变化，如温度致浑水密度变化后，引起振管的频率变化或压差的电压变化，温度变化后影响了波粒衰减的规律等；其二，使测量传感器的参数或特性变化；其三，使仪表的元器件及电路参数变化。温度对测沙结果的影响是很复杂的，各环节常绞结在一起，分析处理相当困难。

3.4.4 物理测沙的衡量指标

因为未制订出标准，对物理测沙的衡量指标在认识和理解上会有所不同。根据我们的经验，可用动态范围、灵敏度、分辨率、稳定性、重复性、精确性等描述。

动态范围指物理效应的指标量所对应的浑水含沙量从最小反应到最大反应的数量区间。一般最小含沙量常定为零（清水），最大含沙量则与物理反应的性质及探头结构有关。

灵敏度指从含沙量为零（清水）起，仪器物理指标能反应的最小含沙量。灵敏度实际是指动态范围的下限。

分辨率指物理指标量变化一个最小分划数所能反映的含沙量的变化值。

稳定性指在不变的含沙量浑水中保持物理效应指标量不变的能力或程度，保持时间常取8h。这个指标可用绝对量描述，也可用相对量描述。稳定性常在数个含沙量级中用定时间隔读数的方法进行试验，但最重要的是清水中的试验，因清水读数在许多仪器中具有定标的作用。稳定性的大敌是温度，其表现是常造成读数的单向系统偏移，因此仪器的设计一直把克服温漂当作基本任务。稳定性可用试验过程线来研究，衡量的方法是对系统偏差限制其偏离稳定初始值的程度。

稳定性的另一个衡量方法是，对不同级的含沙量连续重复施测，观察其数据落在率定曲面且无单向偏线附近的程度。若在 8h 内（或某个合适的工作时间），有 95%的点据都密集分布在率定曲线的某限值之内，就认为是稳定的。

重复性指后次试验对前次、前数次试验，或者指其物理效应指标符和含沙量的对应关系符合重演的能力。检验方法是在常用动态范围内试验，看是否偏离原来的函数关系，偏离程度常用限幅描述，检验可定期进行或按使用时间、次数自行把握。放射性散射式同位素测沙仪使用规程曾对此作出过规定，要求与原来的关系相异到一定程度后，要重新率定启用新的关系。

稳定性和重复性是紧密相联的两个指标，前者是后者的一个保证，稳定性不好，自然重复性不好。但是稳定性并不是重复性的充分条件，也有因物理反应关系偏离，但在新状态下仍稳定的情况。

将传感器长时间保持在同一介质中，是保证稳定性与重复性的重要关系。我们在试验中发现，超声波含沙量传感器从干燥的空气中初放入水中后，读数很难稳定，而长期泡在水中就可克服这个问题。

3.5 本章小结

根据测量原理的不同，含沙量测量有很多种方法。本章详细讲解了现代检测泥沙含量的方法和技术，并且给出了各种检测方法的理论依据，为泥沙含量检测的研究打好基础。本章在前两章的基础上，重点讲解了超声波测量含沙量的工作原理，详细论述了超声波检测的原理。本文的研究工作是基于超声波衰减法来检测泥沙含量的。本章讲述了超声波衰减原理，并对当前超声波检测的最新方法进行了归纳和对比，为实际的检测工作提供了指导。本章最后还给出了物理测沙的基本适用条件、主要影响因素及物理测沙的衡量指标，为含沙量在线检测提供了参考，并为黄河泥沙含量检测工作指明了方向。

第 4 章　音频共振法的含沙量检测多尺度融合模型

本章在卡尔曼滤波、小波变换理论和动态多尺度系统理论的基础上，建立了一种基于音频共振法的含沙量测量多尺度反演模型。本章首先阐述了音频共振法的含沙量测量原理，结合音频共振传感器的输出特性，进行动态测量的分块形式和多尺度表达；然后建立了一种多尺度贯序式卡尔曼-温度融合模型，在进行卡尔曼滤波时直接进行温度补偿融合；最后根据误差最小准则来动态调节离散小波的分解层数，构建含沙量多尺度测量模型，得到更新后的含沙量测量值。

4.1　音频共振原理的含沙量检测方法

4.1.1　音频共振含沙量检测传感器

音频共振检测原理是基于音频共振传感器双臂在不同含沙水体中其共振频率不同的理论。音频共振传感器的双臂用石英晶体制成，形似叉体，也可称为音叉传感器[182]。音频共振传感器包括音叉体、温度传感器、塑胶防振片、固支体等组成。音叉体内部有共振激励器、共振频率信号检测器等[183]。

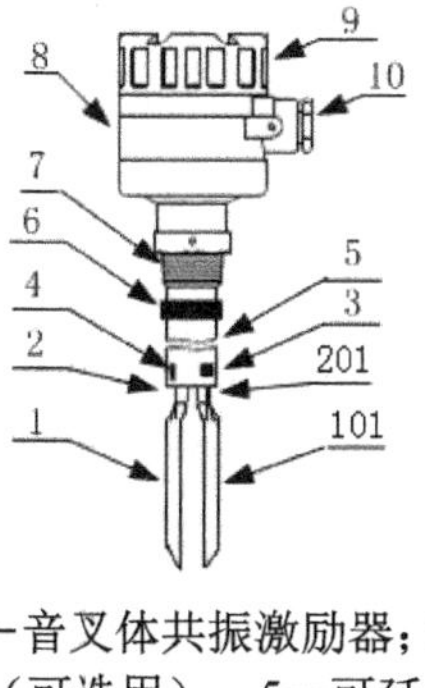

1－左音叉臂；101－右音叉臂；2－音叉体共振激励器；201－音叉共振频率信号检测器；3－温度传感器；4－压力传感器（可选用）；5－可延长轴；6－塑胶防振套；7－固支体螺旋丝；8－音叉传感器电流信号变送器；9－密封盖；10－出线孔

图 4.1　音频共振原理的含沙量检测传感器

音叉体的一臂在共振激励器驱动下做简谐振动；音叉体的另一臂将产生共振，

也将做简谐振动。温度传感器和压力传感器紧贴在音叉体顶部上，可补偿含沙量共振测量的不同温度和不同深度的环境因素影响。

4.1.2 音频共振检测含沙量的原理

音叉体的一臂在共振激励器驱动下做简谐振动；另一臂将产生共振，也将做简谐振动。当音叉体两臂侵入到含沙量水体中时，两臂间的介质质量发生变化，导致共振音叉体的共振频率发生变化。通过共振频率信号检测器检测该共振频率信号来间接实现含沙量的检测。

实际测量时，音频共振传感器在含沙水体中做阻尼振动。音频共振传感器必需对音叉臂施加持续的周期性外力做周期性的受迫振动。现设驱动力为

$$F = F_0 \cos\omega t \tag{4.1}$$

式中：F 为驱动力；F_0 为驱动力的幅值；ω 为驱动力的角频率。音频共振传感器的振子在驱动力、阻力和线性回复力三者的作用下做受迫振动，其动力学方程为[184]

$$m\frac{\mathrm{d}^2x}{\mathrm{d}t^2} = -\gamma\frac{\mathrm{d}x}{\mathrm{d}t} - kx + F_0\cos\omega t \tag{4.2}$$

式中：m 为音叉振子质量；x 为振子的位移；γ 为阻力的阻尼比例系数；k 为音叉体臂的弹性系数。令 $\omega_0^2 = \frac{k}{m}$，$2\delta = \frac{\gamma}{m}$，$\delta$ 为含沙水体的阻尼系数。式（4.2）可写为

$$\frac{\mathrm{d}^2x}{\mathrm{d}t^2} + 2\delta\frac{\mathrm{d}x}{\mathrm{d}t} + \omega_0^2 x = \frac{F_0}{m}\cos\omega t \tag{4.3}$$

当含沙水体的阻尼较小时，式（4.3）的解是：

$$x = A_0 e^{-\delta t}\cos(\sqrt{\omega_0^2 - \delta^2}\,t + \varphi_0) + A\cos(\omega t + \varphi) \tag{4.4}$$

式中：第一项为暂态项，经过一定时间后将消失；第二项是稳态项，在含沙量传感器振子振动一段时间达到稳态；A_0 和 A 分别为暂态项和稳态项的幅值；φ_0 和 φ 分别为暂态项和稳态项的相位。式（4.4）的稳态解为：

$$x = A\cos(\omega t + \varphi) \tag{4.5}$$

式中：A 和 φ 的值取决于音叉臂的性质、阻尼的大小和驱动力的特征。将式（4.5）代入方程（4.3），即可计算出

$$A = \frac{F_0}{\omega\sqrt{\gamma^2 + \left(\omega m - \frac{k}{\omega}\right)^2}} = \frac{F_0}{m\sqrt{(\omega_0^2 - \omega^2)^2 + 4\delta^2\omega^2}} \tag{4.6}$$

$$\tan\varphi = \frac{\gamma}{\omega m - \dfrac{k}{\omega}} \tag{4.7}$$

稳态时，振动物体的速度 v 为

$$v = \frac{\mathrm{d}x}{\mathrm{d}t} = \frac{F_0}{\sqrt{\gamma^2 + \left(\omega m - \dfrac{k}{\omega}\right)^2}} \cos\left(\omega t + \phi + \frac{\pi}{2}\right) \tag{4.8}$$

驱动力 F 与振动速度 v 之间的相位差为 $\varphi + \dfrac{\pi}{2}$。设音叉臂的固有频率、阻尼大小、驱动力幅值 F_0 均不变，改变驱动力的频率 ω，当满足最大值 $\omega m - k/\omega = 0$ 时，音叉臂的振动幅值就达最大值，得：

$$\omega = \sqrt{\frac{k}{m}} \tag{4.9}$$

此时，$\omega = \omega_0$，$\tan\varphi \to \infty$，$\varphi = -\dfrac{\pi}{2}$。从公式（4.4）可得

$$T = \frac{2\pi}{\omega} = \frac{2\pi}{\sqrt{\omega_0^2 - \delta^2}} \tag{4.10}$$

在阻尼 δ 较小、可忽略的情况下有

$$T \approx \frac{2\pi}{\omega_0} = 2\pi\sqrt{\frac{m}{k}} \tag{4.11}$$

从式（4.11）可以看出，通过改变振子质量 m 可改变音叉的共振频率。如果增加振子质量 m_0 为（m_0+m_x），有

$$f = \frac{1}{T} = \frac{k}{2\pi\sqrt{m_0 + m_x}} \tag{4.12}$$

式中：k 为音叉体臂的弹性系数，为常数，其与音叉的力学属性有关；m_0 为不加质量块时音叉振子的等效质量；m_x 为每个振动臂增加的物块质量（在含沙量检测中，m_x 可视为水体中阻挡音叉振动的含沙量质量）。

当把音频共振叉体传感器放置于真空中时，m_x 为零，m_0 为音叉的质量，音叉传感器固有频率 f_0 和谐振频率 f 相等，可以得到比例因子 k。实际应用时要进行标定，可以把清水比拟为真空环境，用清水时的音叉传感器固有频率 f_0 和谐振频率 f 相等，可以得到比例因子 k。当被测对象质量 m_x 不为零时（实际的黄河含沙水体），得到谐振频率为 f，再将频率 f 转为对应的电流值 I。通过计算电流 I 可求出在音叉间的介质（黄河的含沙水体）质量 m_x：

$$I \propto f = \frac{k}{2\pi\sqrt{m_0 + m_x}} \tag{4.13}$$

4.2 基于音频共振法的含沙量检测系统设计

4.2.1 含沙量检测系统整体架构

如图 4.2 所示为含沙量检测系统的整体结构示意图。本系统由音叉含沙量检测、多通道采集系统、多通道转换、单片机处理、数据无线传输和测量结果实时显示等部分组成。系统首先对含沙量进行检测，然后采用多通道模拟量输入/输出模块，将含沙量、水温等传感器集成在一起，完成多通道信息采集与处理工作。处理后的数据可应用 ZigBee 技术无线传送给信息处理中心，信息处理中心通过 LabVIEW 以仿真界面的形式实时显示出测量结果。为消除泥沙对系统的损害及固支体对音叉共振的影响，系统还设计了保护装置和防振系统。

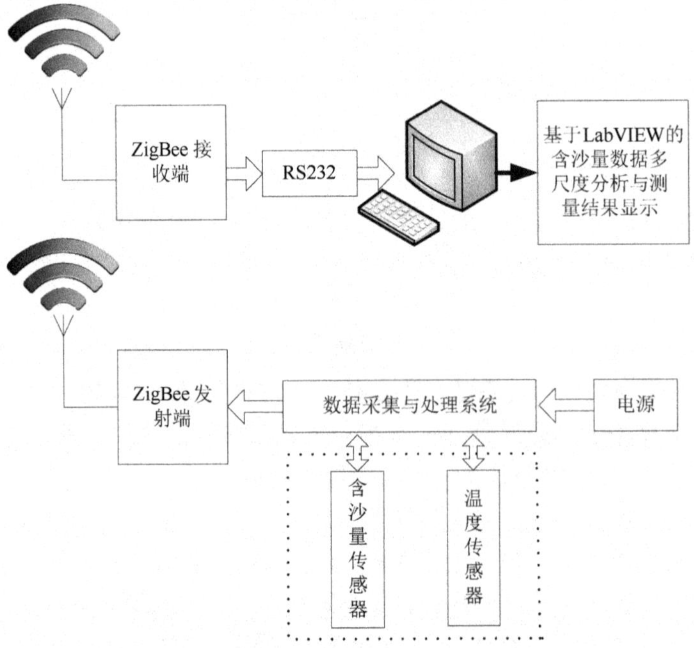

图 4.2 音频共振法含沙量检测系统架构

4.2.2 音频共振法含沙量检测硬件平台设计

基于单片机的含沙量信息检测硬件电路部分如图 4.3 所示，包括模式设置模块、系统运行控制开关、串口通信模块、电源模块、单片机、GPRS 无线传输模块、LCD 液晶显示模块、模拟/数字转换模块、高频信号产生模块（DDS）等。单片机芯片采用增强型的 51 单片机 STC12C5A60S2 芯片；所述模式设置模块、运行控制开关、串口通信模块、电源模块、单片机、ZigBee 无线传输模块、LCD 液晶显示模块、数字高频信号产生模块分别连接单片机；DDS 芯片和电路和音叉共振模块依次连接；信号采集模块和 AD（模拟/数字）转换模块依次连接。

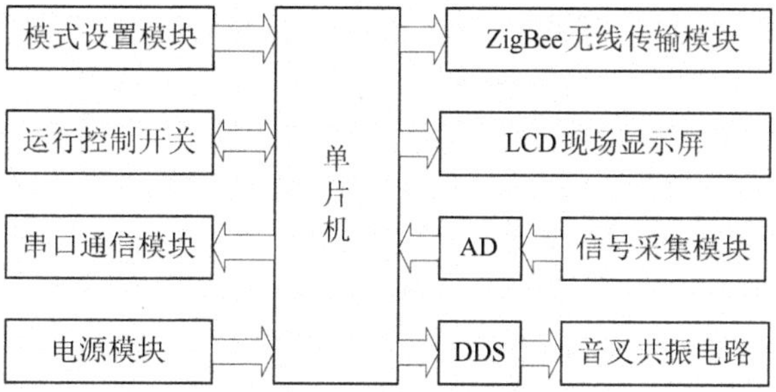

图 4.3 硬件部分架构

4.2.3 基于 LabVIEW 的含沙量检测界面设计

本系统软件设计主要采用 LabVIEW 程序设计。LabVIEW 是一种图形化的编程软件，是一种定位于非计算机专业人员使用的编程工具。编程语言同常规的程序语言不同，它是一种定位于非计算机专业人员使用的编程工具，所以采用更易于使用的图形化程序语言——G 语言。G 语言使用图表代替常规的一条或一组语句来实现一个功能，通过各功能图标间的逻辑连接实现程序功能。即其编程过程不是书写一行语言，而是连接一个个代表一定功能的图表，它更为直观易用，适合缺少编程基础的初学者快速入门使用[185]。

LabVIEW 的编程环境分为前面版（panel）和流程图（block diagram）。面板仅放置程序控制（输入）和结果显示（输出）部分，形成如同传统仪器前面板一样的 VI 前面板。在程序运行期间，用户只能在前面板上进行控制和观测，如同使用一台仪器一样。LabVIEW 程序实现的代码部分使用 G 语言在流程图中编写。G 语言编程过程主要是将代表功能模块（运算符号或 VI）的一个个图表放置在流程图中，用户按希望的数据传递顺序方向将这些模块的输入和输出连接出来[186,187]。

本系统是在 LabVIEW 的基础上设计出来的，在串口通信理论原理的数据线性拟合原理的基础上完成。当作为上位机的 LabVIEW 和单片机串口连接好之后，可以发命令给单片机进行串口通信，单片机接收到命令后就作出相应的反应，然后通过串口返还给上位机相应的数据信息。接收到数据信息后就对相应的数据进行处理，最后得出一种这些数据信息的关系，从而达到对单片机相应的监控。

系统为基于单片机的信息采集和系统控制——程序设计，其工作原理为通过控制核心，用 USB-RS232 转接线和单片机进行串口通信，并对读取到的数据进行相应的提取和存储，然后对提取到的数据进行处理。设计的程序流程图如图 4.4 所示。

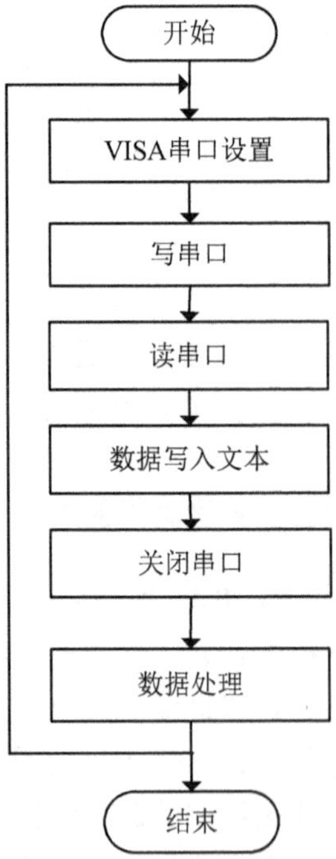

图 4.4 设计程序流程框图

如图 4.5 所示为基于 LabVIEW 的显示部分示意图，此部分的任务是首先通过 GPRS 接收模块将含沙量信息、温度信息和压力信息等接收到监控计算机上，并分别实时显示，完成在线监测的功能。基于 LabVIEW 的显示部分为参数设置、权限认证、通信设置、信号采集设置、实时测量时域图、实时测量频域图、实时测量环境量时域图、含沙量测量历史曲线图、主监测界面、含沙量监测界面、水温监测界面、压力监测界面和退出系统等模块。

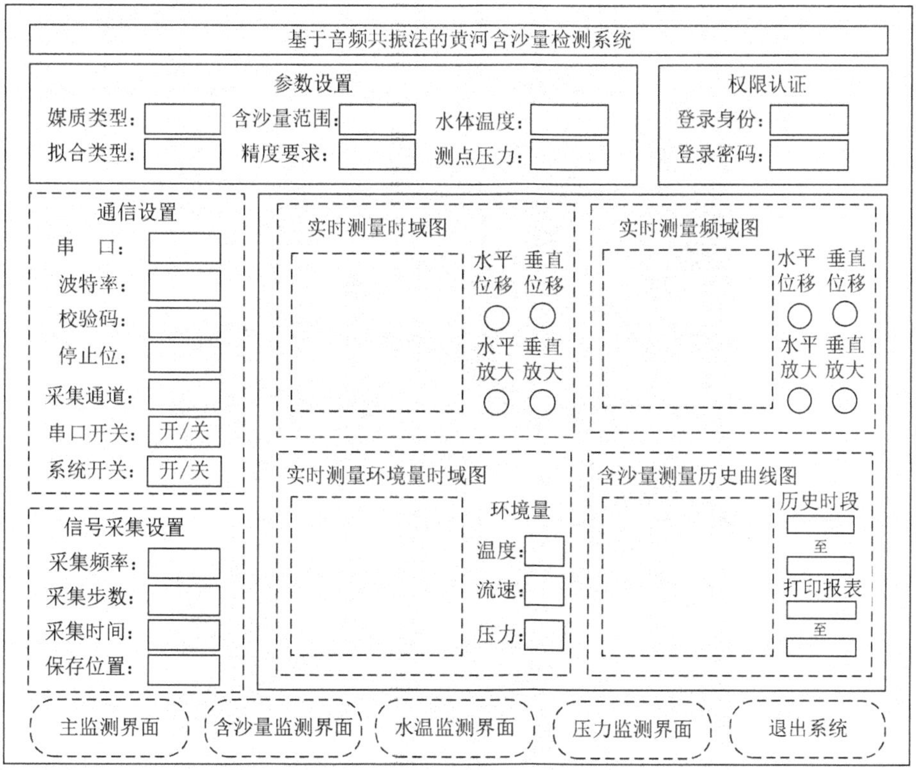

图 4.5　基于 LabVIEW 的含沙量测量显示界面

4.3　音频共振传感器输出特性分析

4.3.1　实验材料和实验数据

本节进行了基于音频共振法含沙量检测试验，如图 4.6 所示。实验所选取的媒质类型为黄土（含有细沙），平均粒径为 176.42μm，中数粒径为 96.56μm，粒径及级配分布如图 4.7 所示。每次在模型水槽中输入不同含量的黄土，用比重瓶获取含沙量实测值，并同时记录音频共振传感器输出值（K）和水温（T）的信息值。

本书从大量的实验数据中经过转换、滤波、异常值剔除等环节后，选取了 92 组数据块作为数据融合研究和分析，见表 4.1。用表中第 1 组到第 46 组的数据来拟合含沙量检测的数学方程，第 47 组到第 92 组的数据验证第一组拟合的融合模型处理的效果。由于实验条件所限，本实验只进行了水温的环境变量检测。

图 4.6　音频共振法含沙量检测实验

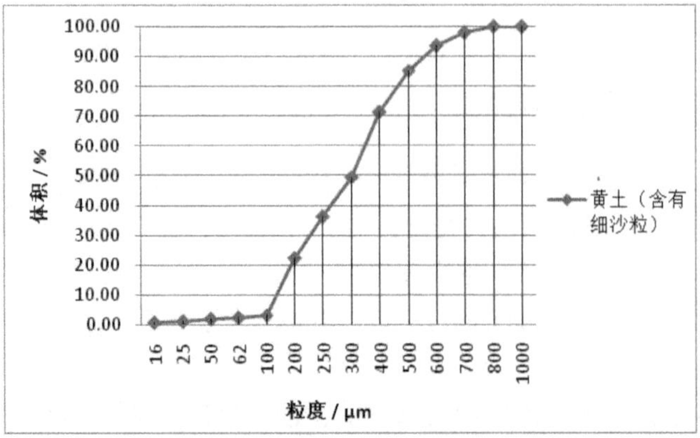

图 4.7　黄土粒径及级配分析图

表 4.1 用于实验的数据块均值

拟合				比较			
组数	传感器值/ k（μA）	温度/ T（℃）	比重瓶值/（kg/m³）	组数	传感器值/ k（μA）	温度/ T（℃）	比重瓶值/（kg/m³）
1	370.5	13.5	0.0	47	372.1	12.9	0.0
2	367.8	18.3	0.0	48	371.0	19.1	0.0
3	393.4	21.7	5.7	49	367.0	20.8	0.5
4	414.6	30.8	6.8	50	366.6	31.4	0.6
5	391.1	26.4	13.3	51	402.6	27.1	0.9
6	309.5	20.5	15.2	52	396.0	19.8	1.1
⋮	⋮	⋮	⋮	⋮	⋮	⋮	⋮
45	646.1	11.5	366.7	91	597.5	11.3	326.8
46	650.6	10.8	378.1	92	629.4	10.9	361.0

4.3.2 传感器输入输出响应分析

下面进行基于音频共振含沙量传感器输出值和含沙量实测值之间的输入/输出响应分析实验。用表 4.1 中的前 46 组数据拟合，对含沙量 y 和传感器输出值（x 值）进行一元线性回归分析，如图 4.8 所示。

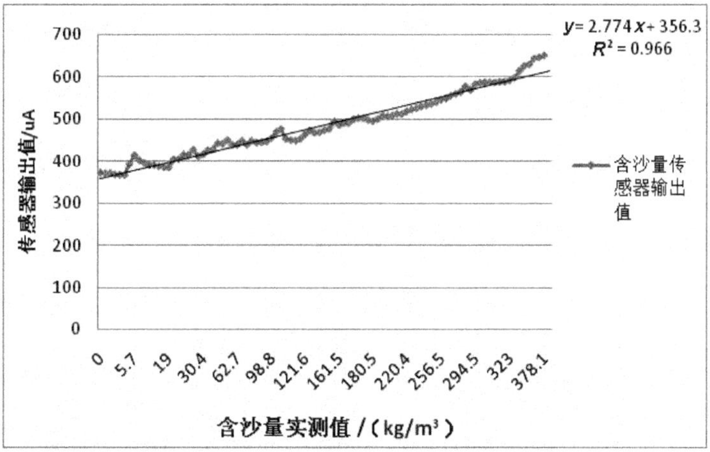

图 4.8 音频共振传感器一元回归反演

从图 4.8 中可以看出，用一元高次回归方程标定各变量的权重值拟合出的效果会更好，但拟合的一元高次方程复杂、不易实现。式（4.14）为拟合的一元一次回归方程，式（4.15）中的 R^2 为线性关系。x 值表示加沙过程中含沙量信息通过音频共振传感器转换的电流值。通过图 4.9 和式（4.15）可以看出，音频共振传感器含沙量实测值随传感器的输出值线性变化，其线性度 R^2 为 0.966，具有很好的线性关系。

$$y = 2.774x + 356.3 \tag{4.14}$$

$$R^2 = 0.966 \tag{4.15}$$

4.3.3 传感器受温度的影响分析

下面对音频共振传感器进行温度影响的实验。从图 4.9 也可以看出，当含沙量较低时，传感器的输出不稳定、误差较大。其中一个主要原因是，在实验开始的时候对测试水体进行了加热，温度上升后又自然降温；在实验过程中又进行了加热，温度又上升，从而使整个实验过程中温度不稳定，导致音频共振传感器的输出也不稳定，从而说明基于音频共振法的含沙量检测受环境温度的影响。因此，如果要提高音频共振传感器的含沙量检测精度，就必须进行环境因素的数据融合处理，来提高含沙量检测系统的稳定性。

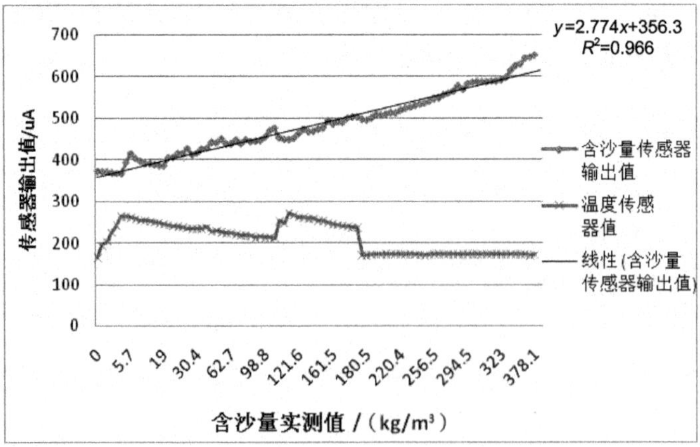

图 4.9 音频共振传感器受温度的影响

为了进行比较，我们在相同的环境中还进行了多元线性回归数据处理，来研究环境因素对含沙量检测的影响分析。如图 4.10 所示，基于音频共振法的含沙量检测系统受环境因素的影响，尤其是受到环境温度的影响。

如图 4.11 所示，音频共振传感器的频谱和温度的频谱变化一致，说明其关联性很大。因此，在含沙量检测时，要进行环境因素的分析来提高含沙量测量的精度和稳定性。

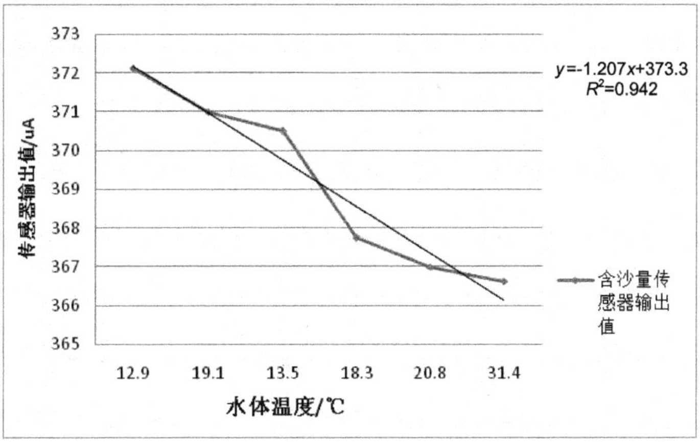

图 4.10　音频共振传感器随温度的变化

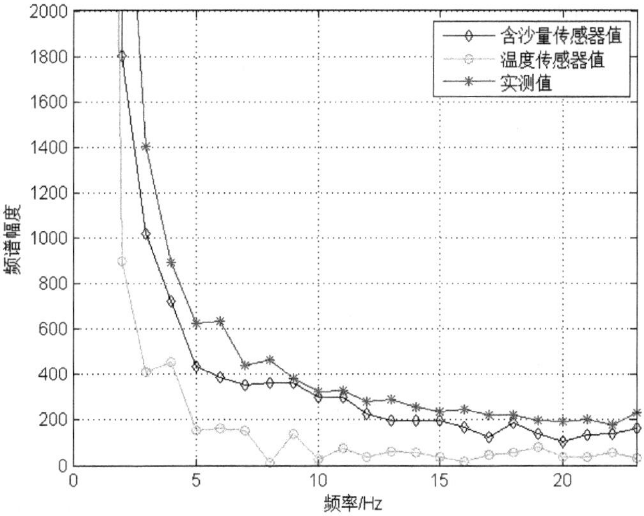

图 4.11　音频共振传感器频谱分析

4.3.4　传感器输出信号的多尺度分析

1. 输出信号的单尺度分析

下面我们先用小波函数对音频共振传感器输出的信号进行单尺度分解，得到传感器输出的原始信号及其单尺度分解的低频系数和高频系数波形图，如图 4.12 所示。图 4.12 中，*s* 为音频共振传感器输出的原始信号，*ca*1 为小波分解后的低频系数，*cd*1 为小波分解后的高频系数。用单尺度低频系数 *ca*1 重构的含沙量信息与传感器输出的原始信号波形基本上一致。低频系数 *ca*1 和高频系数 *cd*1 波形图的长度都是原始信号 s 波形图长度的一半。

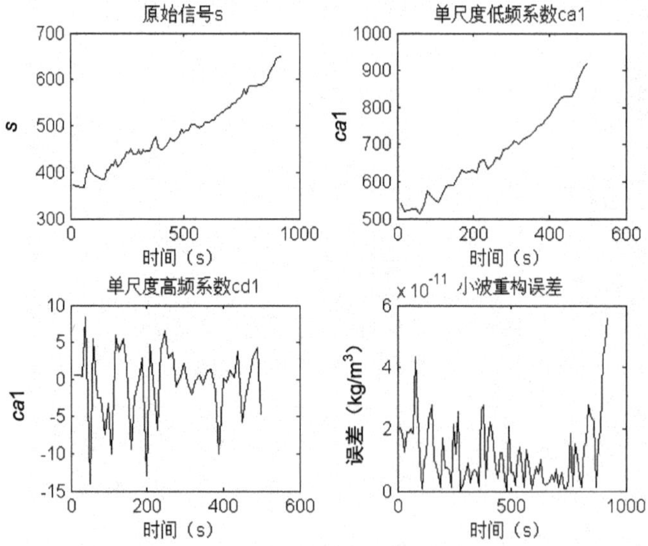

图 4.12 单尺度一维离散小波分解

2. 输出信号的多尺度分析

我们用一维小波函数对音频共振传感器输出信号进行多尺度分解，如图 4.13 所示。用 wavedec 小波函数对信号 *s* 进行 3 尺度分解，得到尺度 3 的低频系数和尺度 3、2、1 的高频系数。在图 4.13 中，尺度 3 的低频系数 *ca*3 占整个数据长度的 1/4；尺度 2 的低频系数 *ca*2 的长度占整个数据长度的 1/4；后一段是尺度 1 的高频系数 *cd*1，长度占整个数据长度的 1/2。

可以看出，随着尺度的增加，低频系数长度减半，各层低频系数的变化规律和原始信号类似，说明低频系数反映了含沙量信号的轮廓和基本信息，并且各层的系数数目随着分解层数的增加而减少，原始的含沙量数据也得到相应压缩。因此，本书通过对音频共振传感器输出的数据进行小波变换，提取小波低频系数来表示含沙量的整体特征；同时利用最小二乘回归法进行分析，建立不同分解层的反演模型并进行检验，确定其最佳小波分解估算模型，为含沙量信息的多源多尺度分析提供科学依据。

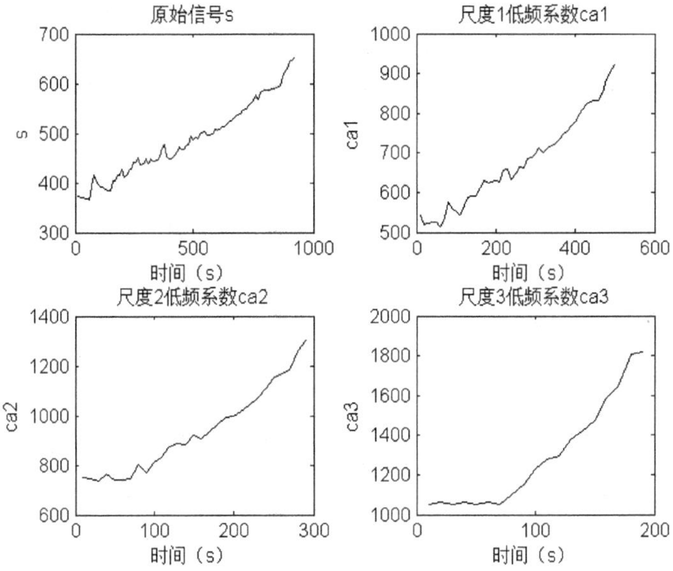

图 4.13　传感器输出信号的多尺度分析

4.4　多尺度贯序式卡尔曼融合模型

小波分析方法是研究水文序列多尺度变化特性的有效工具[188]。在含沙量时间序列分析中，同样可以运用小波的多尺度分析方法。但在小波分解和重构等过程中，小波分解层数的合理选择是一个关键问题。若小波分解层数偏少，低频子序列仍是含沙量多个时间尺度上信号的混叠，会影响小波处理结果；反之，当小波分解层数选择偏多时，会产生一些缺乏物理意义的虚假含沙量信息，造成含沙量测量误差累积等问题 [189]。因此，研究小波分解层数的选择方法对含沙量信息多尺度分析具有重要的意义。

目前信号小波分析中确定分解层数时，常用的方法是通过自相关分析对各层小波系数进行白化检验[190]。这种自相关分析方法用于水文序列分析时存在一些问题[191]。为避免白化检验进行分解层数选择的不合理性，本书选择将含沙量信息序列反演模型的判定系数（R^2）、均方根误差（RMSE）作为依据，旨在建立适合于含沙量信息序列分析的分解层数选择方法。

研究表明，Daubechies8 小波、Symlets 小波、Biorwavf 和 Coiflets 小波基函数较其他函数更符合声发射信号的特点，适用于处理音频共振传感器的信号处理

[192,193]。因此，本书应用多尺度贯序式卡尔曼融合模型，分别采用 Daubechies8（Db8）、Symlets（Sym8）、biorwavf（Bior6.8）和 Coiflets（Coif5）四种小波对音频共振含沙量传感器信息进行多层离散分解，得到小波低频系数，并对各层低频系数进行小波重构；然后用最小二乘回归分析法和含沙量测量值进行回归分析，建立音频共振法含沙量多尺度检测模型；最后对另外一组数据进行反演，选取均方根误差指标衡量和检验建模精度值。R^2 越大，RMSE 越小，说明该层次反演模型的精度越高；反之亦然。其计算过程借助 MATLAB 2013a 软件完成。

4.4.1 卡尔曼-温度融合模型

卡尔曼滤波器是一个最优化自回归数据处理模型。应用动态多尺度系统理论建立基于卡尔曼滤波的多尺度状态估计方法，能有效降低估计的均方误差[194]。但一般的卡尔曼滤波模型仅对状态方程和测量方程进行融合处理，并没有考虑环境信息对卡尔曼滤波模型的融合作用。当不考虑控制信号的作用时，卡尔曼滤波方程依靠前一状态值和当前测量值进行当前状态值的预测，导致其算法未能充分利用观测数据在不同环境中的特征，特别是当系统受环境影响较为剧烈时，该方法的估计效果往往不够理想。此时，传感器需要进行环境信息的融合处理，以达到消弱环境因素的影响。

一般来说，温度对传感器测量过程的影响较大，需要进行温度补偿。传统的温度补偿方法是对实验数据寻找统计规律，最后进行软件补偿。本节建立了一种多尺度贯序式卡尔曼-温度融合模型，在进行卡尔曼滤波时直接进行温度补偿融合。MSBKTF 模型考虑环境温度对状态方程的融合作用，获得优于含沙量单传感器贯序式卡尔曼融合模型和多尺度块卡尔曼滤波模型的估计效果。本章将重点介绍 MSBKTF 模型的推导过程。

当考虑控制信号的作用时，$u(k)$ 和 $y(k)$ 不为 0，此时，$u(k)$ 表达为 $t(k)$。第 2 章的式（2.1）和式（2.2）可变为式（4.16）和式（4.17）：

$$X(N,k+1)=\boldsymbol{F}(N,\mathrm{k})x(N,k)+\boldsymbol{G}(N,k)t(N,k)+w(N,k)\text{，}\quad k\geqslant 0 \tag{4.16}$$

$$Z(i,k)=\boldsymbol{H}(i,\mathrm{k})x(i,k)+v(i,k)\text{，}\quad k\geqslant 0,i=1,2,\cdots,N \tag{4.17}$$

两式中：$X(N,k+1)$ 是在某一尺度 N 上 $(k+1)$ 时刻的系统状态，$x\in R^{n\times 1}$；$\boldsymbol{F}(N,k)$ 是系统矩阵，且 $\boldsymbol{F}(N,\mathrm{k})\in R^{n\times n}$；$t(N,k)$ 是 N 尺度下环境温度控制变量；$G(N,k)$ 是温度控制参数；$Z(i,k)$ 是 i 尺度下 k 时刻的测量值；$\boldsymbol{H}(i,k)$ 是测量系统的参数，对于多源测量系统，$\boldsymbol{H}$ 为矩阵；$w(N,k)$ 和 $v(i,k)$ 分别表示过程和测量的噪声，且满足：

$$E\{w(N,k)\}=0\text{，}\quad E\{w(N,k)w(N,l)^{\mathrm{T}}\}=\boldsymbol{Q}(N,K)\delta_{kl}\text{，}\quad k,l\geqslant 0 \tag{4.18}$$

式中：$\boldsymbol{Q}(N,K)$ 是对称的非负定对称阵；δ_{kl} 是狄拉克函数。在 N 个不同的尺度上，各有不同的传感器对系统进行观测，观测方程为式(4.18)，其测量值 $Z(i,k)\in R^{p_l\times 1}$，$\boldsymbol{H}(i,k)\in R^{p_l\times n}$ 是观测矩阵，测量噪声是一随机序列 $v(i,\mathrm{k})\in R^{p_l\times 1}$，且满足

$$\boldsymbol{E}\{v(i,k)\}=0\text{，}\quad \boldsymbol{E}\{v(i,k)v(j,l)^{\mathrm{T}}\}=\boldsymbol{R}(i,k)\delta_{kl}\delta_{ij}\text{，}$$

$$\boldsymbol{E}\{v(i,k)w(N,l)^{\mathrm{T}}\}=0\text{，}\quad k,l\geqslant 0 \tag{4.19}$$

状态向量的初始值 $x(N,0)$ 为一随机向量，且有：

$$\left.\begin{aligned}&\boldsymbol{E}\{x(N,0)\}=x_0\\&\boldsymbol{E}\{[x(N,0)-x_0][x(N,0)-x_0]^{\mathrm{T}}\}=P_0\end{aligned}\right\} \tag{4.20}$$

假设 $x(N,0)$、$w(N,k)$、$v(i,k)$ 之间的统计是独立的。

现假设系统的状态模型是在某一尺度 N 上进行描述的（采样率表示为 2^{N-1}），有 N 个传感器含沙量目标在不同尺度 i（采样率表示为 2^{i-1}）上进行观测，两相邻含沙量传感器尺度之间的采样率为 2 倍关系。

4.4.2 动态测量的分块形式描述

基于小波变换的多尺度分析方法需要对音频共振传感器一段时间获取的含沙量数据块进行分析，实现每八个数据组成一个数据块。因此定义尺度 i 上长度为 $M=2^{i-1}$ 的第 m 个状态含沙量数据块为：

$$X(m+1):=[X^{\mathrm{T}}(mM+1),X^{\mathrm{T}}(mM+2),\ldots,X^{\mathrm{T}}(mM+M)]^{\mathrm{T}} \tag{4.21}$$

式中符号“:=”表示定义的含义。状态块 $X(m+1)$ 中的第 s 个元素为：

$$\begin{aligned}&X(m+1,s)=X(mM+s)\\&=F(mM+s-1)x(mM+s-1)+G(mM+s-1)t(mM+s-1)+w(mM+s-1)\\&=F(mM+s-1)[F(mM+s-2)x(mM+s-2)]\\&\quad+G(mM+s-1)[G(mM+s-2)t(mM+s-2)+w(mM+s-2)]+w(mM+s-1)\\&\cdots\\&=\prod_{i=s-1}^{0}F(mM+i)x(mM)+\prod_{i=s-1}^{0}G(mM+i))t(mM)+\overline{w}(m,s)\end{aligned} \tag{4.22}$$

其中：

$$\overline{w}(m,s):=\sum_{j=1}^{s-1}\left[\prod_{i=s-1}^{j}A(mM+i)\right]w(mM+j-1)+w(mM+s-1)\text{，}\quad s=1,2,\ldots,M \tag{4.23}$$

根据以上定义和符号，点状态向量模型[式（2.1）]可重新被描述为用分块状态向量表示的状态块变量模型：

$$X(m+1)=\Phi(m)x(m,M)+G(m)t(m,M)+\overline{w}(m) \tag{4.24}$$

$$\Phi(m):=\left[\left(\prod_{i=0}^{0}A(mM+i)\right)^{\mathrm{T}},\left(\prod_{i=1}^{0}A(mM+i)\right)^{\mathrm{T}},\ldots,\left(\prod_{i=M-1}^{0}A(mM+i)\right)^{\mathrm{T}}\right]^{\mathrm{T}} \tag{4.25}$$

$$G(m):=\left[\left(\prod_{i=0}^{0}G(mM+i)\right)^{\mathrm{T}},\left(\prod_{i=1}^{0}G(mM+i)\right)^{\mathrm{T}},\ldots,\left(\prod_{i=M-1}^{0}G(mM+i)\right)^{\mathrm{T}}\right]^{\mathrm{T}} \tag{4.26}$$

同样，点测量向量模型[式（2.2）]可重新被描述为用分块向量表示的观测块向量模型：

$$Z(m)=\Psi(m)X(m)+\overline{v}(m) \tag{4.27}$$

式中，

$$\Psi(m):=\mathrm{diag}\{C[(m-1)M+1],C[(m-1)M+2],\cdots,C(mM)\} \tag{4.28}$$

4.4.3 分块系统的多尺度表示

应用小波变换对含沙量信息块状态预测模型和观测模型进行多尺度处理，取多尺度变换算子W_x为：

$$\boldsymbol{W}_x=\begin{bmatrix} G_{N-1} \\ G_{N-2}H_{N-1} \\ \vdots \\ G_L H_{L+1} H_{L+2}\ldots H_{N-1} \\ H_L H_{L+1}\ldots H_{N-1} \end{bmatrix} \tag{4.29}$$

式中：H_L和G_L分别是尺度算子和小波算子，且$\boldsymbol{W}_x$是一个正交矩阵，即

$$\boldsymbol{W}_x^{*}\boldsymbol{W}_x=I \tag{4.30}$$

首先，将多尺寸度变换算子$\boldsymbol{W}_x$同时作用于块状向量方程（4.22）两边，得

$$\boldsymbol{W}_x X(m+1)=\boldsymbol{W}_x\Phi(m)x(m,M)+\boldsymbol{W}_x G(m)t(m,M)+\boldsymbol{W}_x\overline{w}(m) \tag{4.31}$$

设$\gamma(m+1)=\boldsymbol{W}_x X(m+1)$，式（3.10）可改写为

$$\gamma(m+1)=\Phi_w(m)x(m,M)+G_w(m)t(m,M)+w_r(m) \tag{4.32}$$

式中：$\Phi_w(m):=\boldsymbol{W}_x\Phi(m)$；$G_w(m):=\boldsymbol{W}_x G(m)$；$\overline{w}_r(m)=\boldsymbol{W}_x\overline{w}(m)$。观测块向量模型（4.27）可描述为

$$Z(m)=\Psi(m)\boldsymbol{W}_x^{*}\boldsymbol{W}_x X(m)+\overline{v}(m)=\Psi_w(m)\gamma(m)+\overline{v}(m) \tag{4.33}$$

式中$\Psi_w(m):=\Psi(m)\boldsymbol{W}_x^{*}$，而式（4.32）相应的多尺度重构可表示为

$$X(m+1)=\boldsymbol{W}_x^{*}\gamma(m+1) \tag{4.34}$$

4.4.4 测量误差定义及计算

基于音频共振传感器分块系统的动态卡尔曼滤波器方程，当尺度为 i 时，其状态方程和测量方程可描述为：

$$\gamma(i,m+1)=\boldsymbol{\Phi}_w(m)x(i,m)+\boldsymbol{G}_w(m)t(i,m)+\overline{w}_r(m) \tag{4.35}$$

$$Z(i,m)=\boldsymbol{\Psi}(m)\gamma(i,m)+\overline{v}(m) \tag{4.36}$$

式中：m 为离散系统块序号；系统在尺度 i 上的状态向量为 $x(i,m)\in\boldsymbol{R}^n$；$t(i,m)\in\boldsymbol{R}^n$；$Z(i,m)\in R^n$ 为对在尺度 i 上的状态观测信号；$\overline{w}(m)\in\boldsymbol{R}^n$ 为输入白噪声；$\overline{v}(m)\in R^n$ 为观测噪声；状态转移矩阵 $\boldsymbol{\Phi}_w$、温度控制参数 $\boldsymbol{G}_w(m)$、观测阵 $\boldsymbol{\Psi}(m)$ 分别为已知的 $n\times n$、$m\times m$、$m\times n$ 矩阵。

根据估计误差的定义，给出基于卡尔曼温度融合的状态预测模型和观测模型的块估计误差 $\tilde{X}(i,m+1)$ 为：

$$\tilde{X}(i,m+1)=X(i,m+1)-\hat{X}(i,m+1|m) \tag{4.37}$$

$\hat{X}(i,m+1|m)$ 为状态向量 $X(m+1)$ 在尺度为 i 时的最优线性预测值。为了衡量观测值与预测值间的偏差，给出基于卡尔曼状态预测模型和观测模型估计的均方根误差，如式（4.38）所示。

$$\text{RMSE}=\text{sqrt}[X(i,m+1)-\hat{X}(i,m+1|m)]^T[X(i,m+1)-\hat{X}(i,m+1|m)] \tag{4.38}$$

同时，为了衡量观测值与预测值间的离散程度，也引入了平均绝对误差（MeanAE，Mean Absolute Error）、最大绝对误差（MaxAE，Max Absolute Error）和平均相对误差（MeanRE，Mean Relative Error），如式（4.39）至式（4.41）所示。

$$\text{MeanAE}=\frac{1}{M}\sum_m\left|X(i,m+1)-\hat{X}(i,m+1|m)\right| \tag{4.39}$$

$$\text{MaxAE}=\max\left|X(i,m+1)-\hat{X}(i,m+1|m)\right| \tag{4.40}$$

$$\text{MeanRE}=\frac{1}{M}\sum_m\left[\left|X(i,m+1)-\hat{X}(i,m+1|m)\right|/X(i,m+1)\right] \tag{4.41}$$

4.4.5 基于误差最小的 MSBKTF 模型重构

基于误差最小的多尺度贯序式卡尔曼融合算法如图 4.14 所示。假设有一长度为 M 的数据块，在单尺度 N 上用卡尔曼滤波器根据观测数据块进行滤波，同时和环境温度信息进行融合估计。因为原始信号存在大量噪声，状态估计不是很精确。但当从尺度 N 到尺度 i 的小波分解后，信号可分解为尺度 i 上的直流信号和相应各尺度 l ($i \leqslant l \leqslant N-1$)上的细节信号。对于初始状态估计块序列，分解在不同尺度上的块序列集合为：

$$\{\hat{X}_H(N-1), \hat{X}_H(N-2), \ldots, \hat{X}_H(i), \hat{X}_L(i)\} \tag{4.42}$$

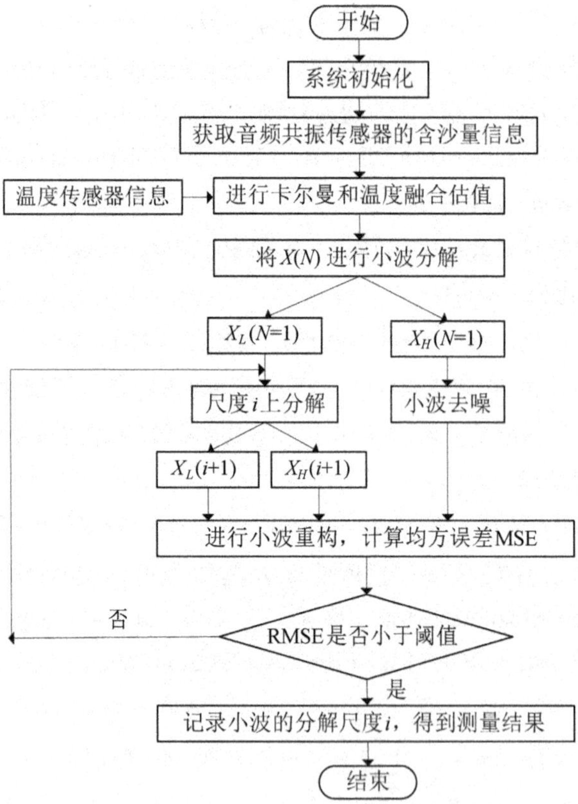

图 4.14 多尺度贯序式卡尔曼融合算法流程

在尺度 i 上，根据观测值 $X(m+1)$ 更新 $\hat{X}_L(i)$，同时更新 $\hat{X}_H(i)$。更新结束后，通过小波重构得到尺度 $(i+1)$ 上的 $\hat{X}(m+1|m)$，根据尺度 $(i+1)$ 上的观测值 $X(m+1)$ 和观测模型的估计值 $\hat{X}(m+1|m)$ 间的估计均方根误差进行判断。如果 RMSE 很大，则继续进行尺度 $(i+2)$ 上的 $\hat{X}_H(i)$ 更新，同时进行观测值 $X(m+1)$ 和观测模型的估计值 $\hat{X}(m+1|m)$ 间的 RMSE 判断，直至尺度 $l(i \leqslant l \leqslant N-1)$ 中

满足 RMSE 达到能接受的误差值，从而实现音频共振法含沙量传感器动态多尺度分析。

4.5 实验结果及误差分析

分别选取 Daubechies8（Db8）、Symlets（Sym8）、Biorwavf（Bior6.8）和 Coiflets（Coif5）等小波母函数，对音频共振法含沙量信息进行离散分解，并建立不同小波低频系数的最小二乘回归分析的反演模型，来比较不同尺度反演模型的精度和稳定性，见表 4.2，其中 F 为检测统计量的观测值。

4.5.1 小波不同尺度反演的误差分析

表 4.2 不同尺度下的测量模型精度和稳定度比较

小波系数	R^2				RMSE				F 值			
	Db8	Sym8	Coif5	Bior6.8	Db8	Sym8	Coif5	Bior6.8	Db8	Sym8	Coif5	Bior6.8
ca1	0.9774	0.9788	0.9787	0.9792	15.5149	15.0074	14.8177	16.2169	930.93	993.06	992.41	1013.35
ca2	0.9835	0.9843	0.9845	0.9809	13.7140	13.5055	13.554	14.8039	1285.98	1350.29	1369.88	1108.45
ca3	0.9847	0.9888	0.9794	0.9828	14.7628	13.8341	16.3999	15.1441	139.08	1902.95	1023.30	1229.76
ca4	0.9925	0.9902	0.9964	0.9908	11.2735	8.7635	7.7251	8.7039	2850.35	2178.75	5990.51	2318.28
ca5	0.9951	0.9940	0.9937	0.9935	7.6654	6.7174	7.7733	6.7306	4376.61	3615.87	3409.78	3307.75
ca6	0.9954	0.9962	0.9954	0.9965	11.4286	13.5654	22.093	13.9523	4745.96	5727.62	4716.01	6227.85
ca7	0.9967	0.9951	0.9949	0.9952	38.5249	42.512	55.0573	43.121	6577.40	4391.62	4258.68	4536.29
ca8	0.9957	0.9948	0.9950	0.9949	79.7440	91.5938	110.3017	94.4858	5069.81	4184.61	4300.05	4231.69
ca9	0.9953	0.9951	0.9951	0.9950	150.0246	186.3167	195.3525	192.3155	4593.40	4409.81	4378.69	4358.35
ca10	0.9951	0.9951	0.9950	0.9950	219.9575	225.475	221.0473	228.1319	4451.64	4368.82	4359.75	4347.13

从表 4.2 中可以看出，从反演模型的判定系数来看，四种小波母函数中，Db8、Sym8、Bior6.8 和 Coif5 都以小波低频系数构建的反演模型判定系数较高，其值均高于 0.9，表明其预测模型精度较高。Db8、Sym8、Bior6.8 和 Coif5 的第 4 层及以后反演模型的 R^2 则都高于 0.99，表明模拟效果更好。

Db8、Sym8 和 Bior6.8 的 10 层分解中，均以小波分解的第 5 层系数构建的模型的均方根误差最小（$6.7174 \leqslant \mathrm{RMSE} \leqslant 7.6654$），且 R^2 均达到要求（$0.9935 \leqslant R^2 \leqslant 0.9951$），其精度值最高且稳定性较好。Coif5 以小波分解的第 4 层系数构建的模型的均方根误差最小，RMSE 为 7.7251，且 R^2 达到 0.9964。此后，随着分解层数（>5 层）的不断增加，各模型的均方根误差 RMSE 逐渐变大，其判定系数也有所降低，如图 4.15 所示。

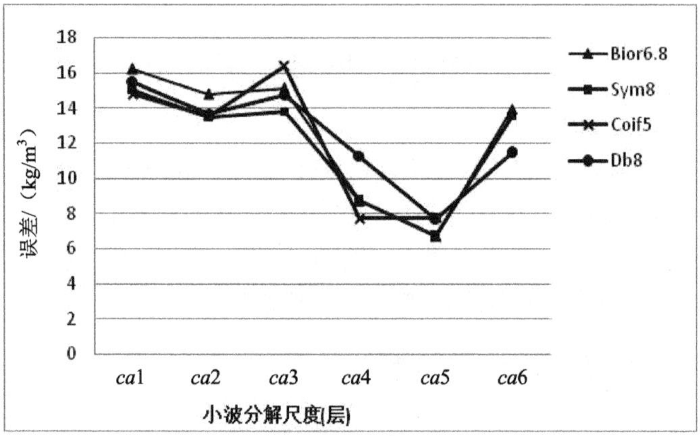

图 4.15 小波分解不同尺度对应的误差

综上所述，由 Db8、Sym8、Bior6.8 和 Coif5 四种小波母函数建立的反演模型的效果较好，且精度差异不大。比较而言，以 Sym8 小波分解的 5 层系数构建的模型中，判定系数高于其余三个函数，均方根误差较小，如图 4.16 所示。因此，Sym8 小波母函数是建立反演模型的最优函数。其中，尤以 Sym8 函数第 5 层低频系数 ca5 的反演模型效果最好，因此，本节选取 Sym8 函数的 ca5 为基于音频共振法含沙量多尺度测量的最优模型。

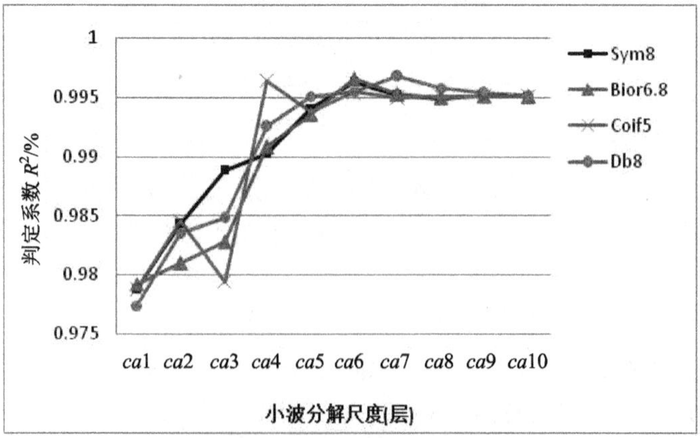

图 4.16 小波分解不同尺度对应的 R^2

4.5.2 多尺度贯序式卡尔曼融合处理分析

音频共振法含沙量多尺度层数选取 Sym8 函数的 ca5 层小波分解。由于多尺度贯序式卡尔曼融合考虑了环境影响因素，同时也进行了多尺度融合处理，其反演测量的效果更好、误差更小，且输出结果更接近实测值，比贯序式卡尔曼融合模型和多尺度块卡尔曼滤波模型的融合效果好一些，如图 4.17 至图 4.20 所示。

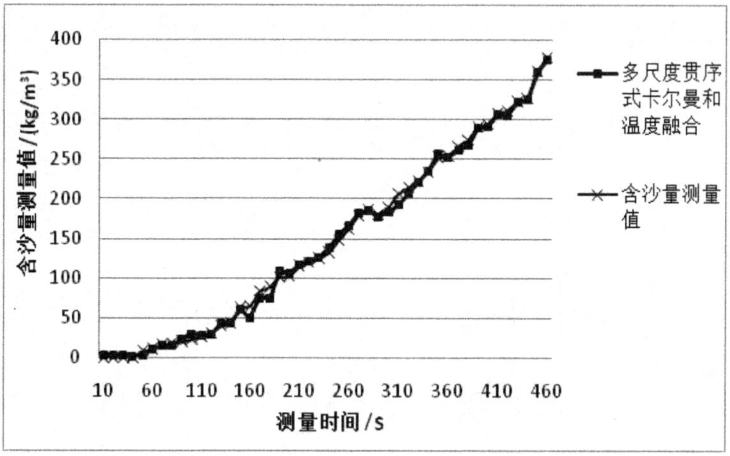

图 4.17 多尺度贯序式卡尔曼融合值和实测值

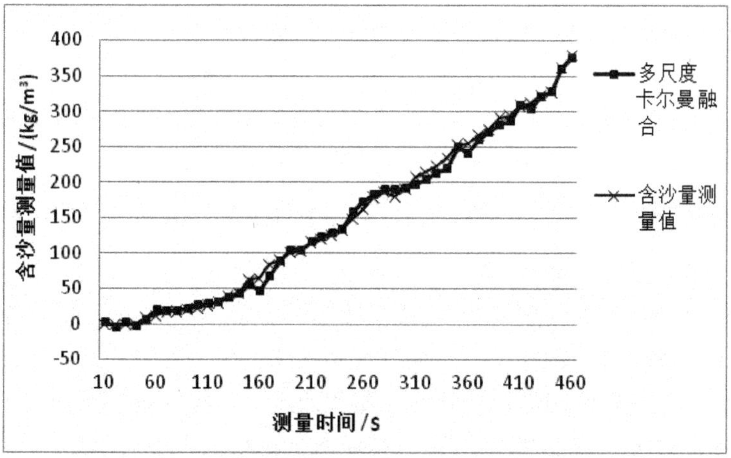

图 4.18 多尺度卡尔曼融合值和实测值

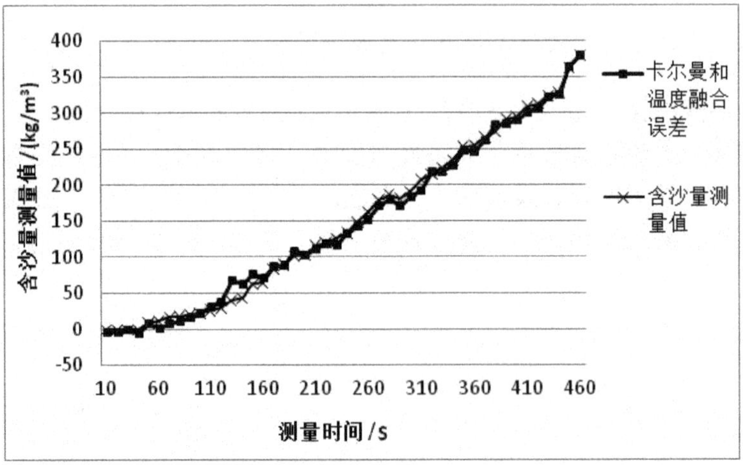

图 4.19　卡尔曼和温度融合值和实测值

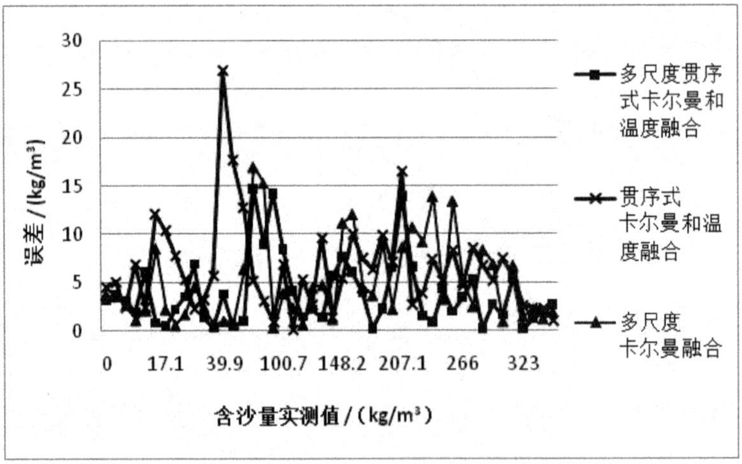

图 4.20　多尺度贯序式卡尔曼融合误差比较

多尺度贯序式卡尔曼融合处理以及和其他模型的反演值和实测值的误差分析见表 4.3。MSBKTF 的 MeanAE 为 3.95kg/m^3，RMSE 为 3.13kg/m^3，MaxAE 为 14.15kg/m^3，MeanRE 为 1.05kg/m^3。SBKTF 和 MBKF 处理后得到的误差比单一传感器进行卡尔曼滤波要较好一些。经过卡尔曼滤波后，音频共振传感器测量误差都比多元及一元线性回归分析效果好。整体而言，音频共振传感器的一元线性回归的相对误差较大，但也在 5%以内，达到含沙量量测工程的要求。

表 4.3 音频共振传感器各个反演模型的误差比较

	多尺度贯序式卡尔曼	多尺度卡尔曼	卡尔曼和温度融合	卡尔曼	多元回归	一元回归
平均绝对误差 MeanAE/（kg/m^3）	3.95	5.09	6.48	10.34	15.48	16.22
均方根误差 RMSE/（kg/m^3）	3.13	4.65	5.01	15.70	18.79	20.18
最大绝对误差 MaxAE/（kg/m^3）	14.15	16.99	26.92	35.66	45.44	46.90
平均相对误差 MeanRE/%	1.05	1.35	1.72	2.73	4.10	4.28

4.5.3 卡尔曼滤波和一元、多元回归分析比较

如图 4.21 所示，卡尔曼滤波处理后得到整体的 MeanAE 是 12.47 kg/m^3，RMSE 是 15.70 kg/m^3，MaxAE 的绝对值为 35.67kg/m^3。与多元线性回归分析相比较，卡尔曼滤波处理的误差较小，这表明卡尔曼滤波处理较好，更能够考虑不同的环境因素影响。

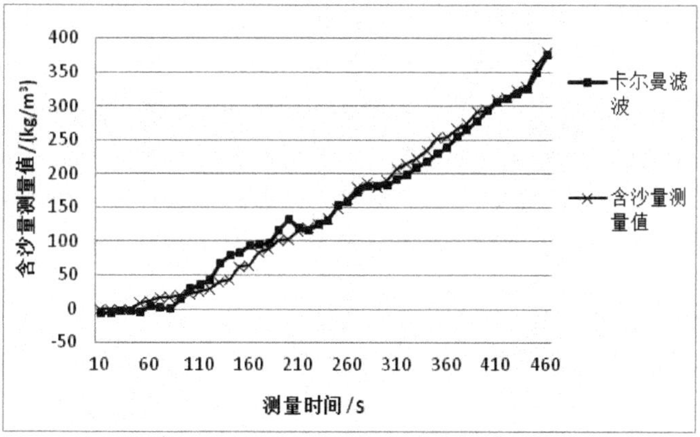

图 4.21 卡尔曼滤波和实测值

本书在相同的环境中还进行了音频共振传感器和温度传感器的多元线性回归数据处理，并进行了误差分析，如图 4.22 所示。多元融合处理后得到的 RMSE 是 18.78kg/m^3，MaxAE 是 45.44kg/m^3，误差的变动较大，表明融合的效果较差，也说明了虽然考虑到不同的环境因素影响，但仅对各种环境因素进行多元一次回归分析的融合效果还不是很理想。

多元一次回归方程拟合出的效果很好，但拟合的多元一次方程复杂、不易实现。多元一次回归方程如式（4.43）所示：

$$S = -477.9815 + 1.4152X_1 - 0.2769X_2 \tag{4.43}$$

式中：X_1为音频共振传感器输出信号；X_2为温度传感器输出的信息值。

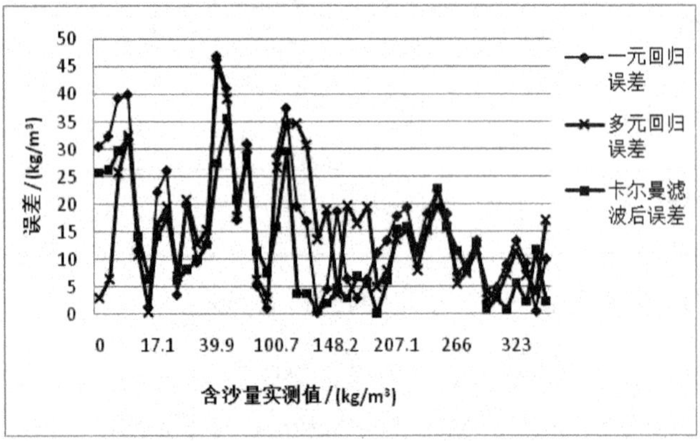

图 4.22 滤波和一元、多元回归误差比较

最后把式（4.43）作为音频共振传感器的反演公式，对表 4.1 中的另外 46 组待检验数据进行测量，与实测值进行比较和误差分析。一元回归分析的 MeanAE 是 16.25kg/m³，RMSE（均方根误差）是 20.18kg/m³，MaxAE 是 45.25kg/m³。从图 4.23 和图 4.24 可以看出，当不考虑温度的影响时，检测的误差相对较大，检测的精度和稳定性相对差一些。同时也可以看出，音频共振传感器在低含沙量时检测精度较低，但随着含沙量的增加，测量误差在减少。可见，音频共振传感器较适合高含沙量河流中使用，特别适用于黄河流域的含沙量检测。

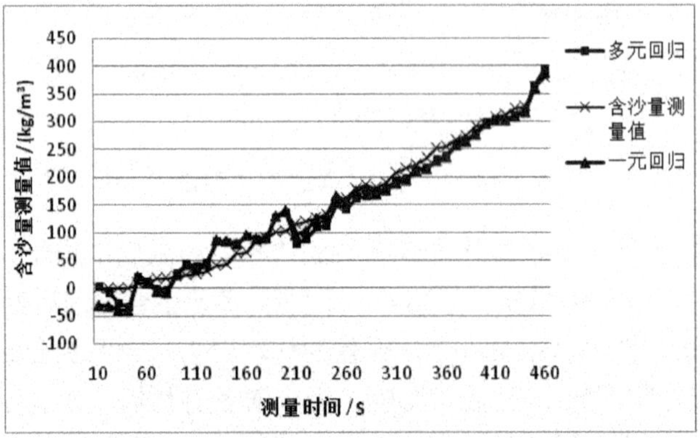

图 4.23 一元、多元回归反演值和实测值

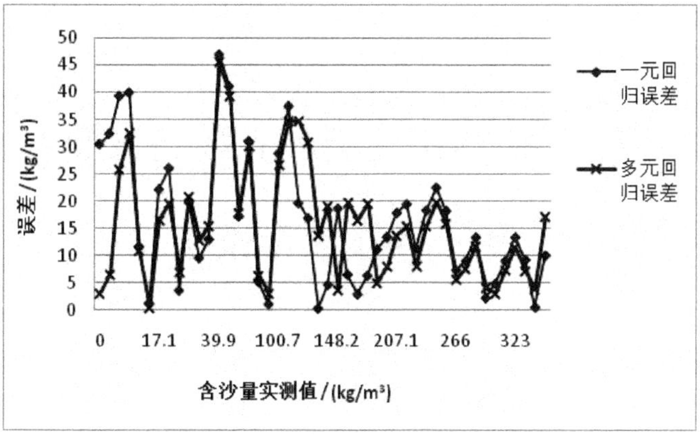

图 4.24 一元、多元回归误差比较

4.6 本章小结

本章首先阐述了音频共振法的含沙量测量原理，对音频共振传感器的输出特性进行了分析；建立了一种多尺度贯序式卡尔曼-温度融合 MSBKTF 模型，在进行卡尔曼滤波时融合环境温度进行补偿。实验结果表明，音频共振传感器较适合高含沙量河流中使用。同时，由于 MSBKTF 模型考虑了环境温度对状态方程的融合作用，提高了音频共振传感器含沙量检测的精度，增强了测量系统的稳定性。

第 5 章　基于 IGA-RBF 的含沙量检测多传感器融合模型

本章首先研究了基于电容式差压法（CDP，Capacitive Differential Pressure）的黄河高悬浮含沙量（HSSC，High Suspended Sediment Concentration）检测方法，讨论了温度、深度和流速等环境因素对电容式差压传感器的影响；然后建立基于径向基神经网络的非线性数据融合算法，并用改进的遗传算法对 RBF 神经网络进行参数优化；最后设计了基于 PLC 的硬件平台，利用多通道模拟量输入模块，将含沙量信息、温度、深度和流速值集中采集和融合处理，传送到监控计算机上进行实时显示。为了比较 IGA-RBF 方法的融合效果，本章在相同环境下还进行了一元线性回归、多元线性回归、BP 和 RBF 的含沙量融合处理。

5.1　电容式差压法检测含沙量

5.1.1　电容式差压法检测原理

电容式差压传感器结构如图 5.1 所示。电容式差压传感器的两侧极板在无差压时两侧初始电容皆为 C_0；动极板在有差压时变形到虚线位置。此时，动极板与初始极板间的假想电容用 C_A 表示。C_H 为处于高压位置的定极板与虚线位置间电容，C_L 为处于低压位置的定极板与虚线位置间电容[195]。

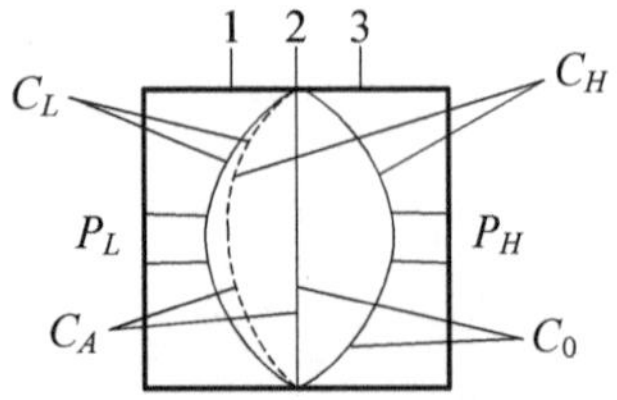

图 5.1　差压作用时电容的变化

图 5.1 中电容 C_0、C_A、C_L、C_H之间有如图 5.2 所示的等效关系。按串联电容公式等效原理，可写出如式（5.1）所示的关系：

$$C_H = \frac{C_0 C_A}{C_A + C_0} \qquad C_L = \frac{C_0 C_A}{C_A - C_0} \tag{5.1}$$

如果能求出 C_0 和 C_A，就可由式（5.1）求出传感器的差动电容 C_L 和 C_H。在如图 5.3 所示的电容器中，由球面形固定电极 B 和平膜片电极 A 形成一个球平面型电容器。在忽略边缘效应情况下，可按照单元积分法求出 C_0 和 C_A[196]。

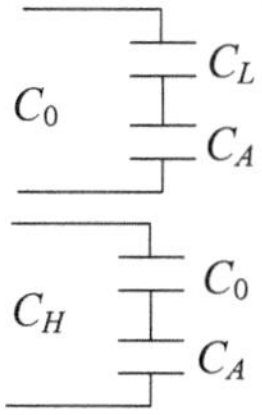

图 5.2 差压作用时电容的等效关系

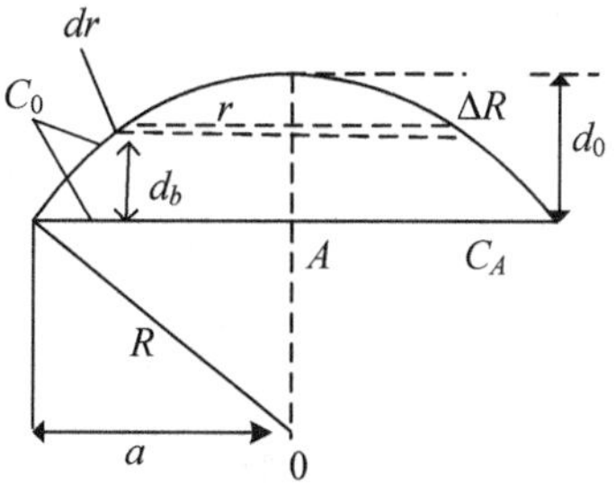

图 5.3 球平面型电容器

由图 5.2 可知：

$$r^2 = R^2 - (R - \Delta R)^2 = \Delta R(2R - \Delta R) \tag{5.2}$$

因为 $R \gg \Delta R$，可得

$$\Delta R \approx \frac{r^2}{2R} \tag{5.3}$$

于是球面电极上宽度为 dr、长度为 2πr 的环形窄带与可动电极初始位置的电容量为

$$dC_0 = \frac{\varepsilon_0 \varepsilon_r 2\pi r dr}{d_0 - \Delta R} \tag{5.4}$$

将式（5.3）代入式（5.4）并积分，可得 C_0 值：

$$C_0 = \varepsilon_0 \varepsilon_r \int_0^b \frac{2\pi r dr}{d_0 - r^2 / 2R} = -2\pi \varepsilon_0 \varepsilon_r R \ln\left(d_0 - \frac{r^2}{2R}\right)$$

$$= 2\pi \varepsilon_0 \varepsilon_r R \ln \frac{d_0}{d_b} \tag{5.5}$$

式中：d_0 为球平面电容板间的最大间隙；d_b 为球平面电容板间的最小间隙；R 为球面

电极的曲率半径。将$\varepsilon_0 = \dfrac{1}{3.6\pi}$（PF/cm）及长度单位（cm）代入式（5.5）中，则

$$C_0 = \frac{\varepsilon_r R}{1.8}\ln\frac{d_0}{d_b}\text{（pF）} \tag{5.6}$$

在被测差压（P_H-P_L）的作用下，感压膜片的绕度可近似写为

$$y = \frac{P_H - P_L}{4T}(a^2 - r^{`2}) \tag{5.7}$$

式中T为膜片周边的张紧力。如图5.2所示，在绕曲球面上，宽度为dr'、长度为$2\pi r$`的环形窄带与动膜片初始位置间的电容量为

$$dC_A = \frac{\varepsilon_0\varepsilon_r 2\pi r' dr'}{y} \tag{5.8}$$

式中y为膜片绕度。将式（5.7）代入（5.8）并积分得：

$$C_A = \int_0^b \frac{\varepsilon_0\varepsilon_r 2\pi r`\mathrm{d}r`}{\frac{p_H - p_L}{4T}(a^2 - r^{`2})} = -\frac{\varepsilon_0\varepsilon_r\pi}{\frac{p_H - p_L}{4T}}\int_0^b \frac{\mathrm{d}(a^2 - r^{`2})}{(a^2 - r^{`2})}$$

$$= \frac{4\varepsilon_0\varepsilon_r\pi T}{p_H - p_L}\ln\frac{a^2}{a^2 - b^2} \tag{5.9}$$

故可求出差动电容C_L和C_H。如该差动电容传感器配置变换器，即可输出4～20mA的标准电流信号。差动电容变换器的电流信号输出表达式为：

$$I = \frac{I_C R_S}{R}\frac{C_L - C_H}{C_L + C_H} + \frac{U_B}{R_F} - \beta\frac{U_0}{R_F} \tag{5.10}$$

式中，I_C为同相端电流，其产生的固定电压为U_B，输入电阻为R_S，反馈电阻为R_F，调零电压为βU_0。

5.1.2 电容式差压传感器

电容式差压传感器是将图5.1中的两个电容分开，并垂直放置，两个电容器间距300mm。要求液体完全覆盖两个电容器，并且最低液位要高于上面一个差压传感器100mm。如果被测液体是流体，则两个传感器之间的流速必须小于等于0.4m/s。电容式差压传感器结构如图5.4所示。

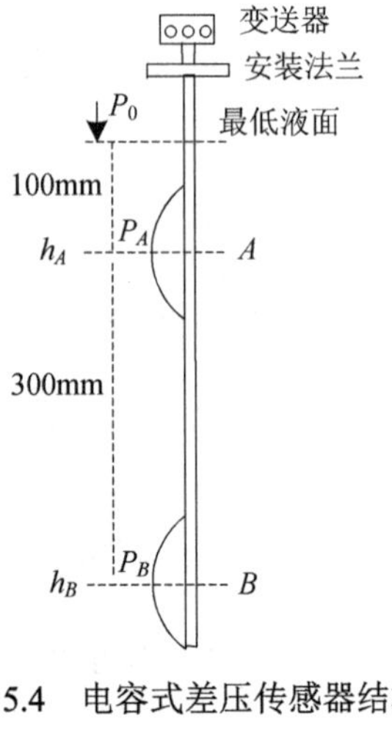

图5.4 电容式差压传感器结构

通过含沙水体产生的压差实现泥沙检测是泥沙测量的重要方法之一[197]。液体的压差可以用式（5.11）表示：

$$\Delta P = P_B - P_A = \rho g \Delta h \tag{5.11}$$

式中：h 为液位高度；ΔP 为压差；ρ 为液体密度（这里用密度 ρ 来间接测量水体的含沙量）；g 为重力加速度。由静止液体的帕斯卡定理可得对于容器中两点 A、B 间液体的密度公式：

$$\rho = \frac{\Delta P}{g \Delta h} \tag{5.12}$$

由式（5.12）可以看出：当两个差压传感器高度 Δh 一定时，含沙量检测的问题就转换为差压测量的问题。将式（5.5）和式（5.9）代入到式（5.10）中，就可以求变换电路输出的电流表达式：

$$\begin{aligned} I &= I_C \frac{C_0}{C_A}\frac{R_S}{R_F} + \frac{U_B}{R_F} - \beta \frac{U_0}{R_F} \\ &= \frac{R\ln(d_0/d_b)}{2T\ln[a^2/(a^2-b^2)]} I_C \frac{R_S}{R_F}(P_H - P_L) + \frac{U_B}{R_F} - \beta \frac{U_0}{R_F} \end{aligned} \tag{5.13}$$

将式（5.11）代入式（5.13）得：

$$I = \frac{R\ln(d_0/d_b)}{2T\ln[a^2/(a^2-b^2)]} I_C \frac{R_S}{R_F} \rho g \Delta h + \frac{U_B}{R_F} - \beta \frac{U_0}{R_F} \tag{5.14}$$

令 $K = \frac{R\ln(d_0/d_b) g\Delta h}{2T\ln[a^2/(a^2-b^2)]}$，$K$ 为与结构有关的系数，于是有：

$$I = KI_C \frac{R_S}{R_F}\rho + \frac{U_B}{R_F} - \beta \frac{U_0}{R_F} \tag{5.15}$$

式（5.15）表明，当器件的结构一定时，输出的电流与液体密度 ρ 呈线性关系，即传感器将泥沙含量的变化转换成了输出电流的变化。

5.1.3 基于电容式差压方法的含沙量检测系统

本节设计了基于电容差压方法的含沙量检测系统，如图 5.5 所示。基于电容差压方法的含沙量检测硬件系统由电机搅拌单元、多通道信息采集单元、PLC 处理单元、数据传输单元和组态监控单元等组成。

含沙量测量试验是在高 1m、半径为 1m 的塑料圆桶中进行的，选取粉煤灰作为实验的媒质材料，其平均粒径为 33.29μm，中数粒径为 21.87μm，粒度分布如图 5.6 所示。

本节选用台达 DVP-14SS 作为 PLC 处理器，实现数据处理和系统控制功能；

选用台达公司的 DVP-06XA 实现数据的集中采集。硬件平台构成示意图如图 5.7 所示，实物图如图 5.8 所示。

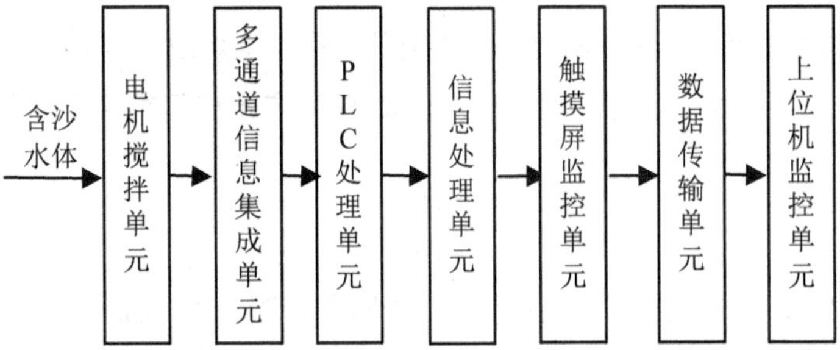

图 5.5 电容差压方法的含沙量检测系统结构

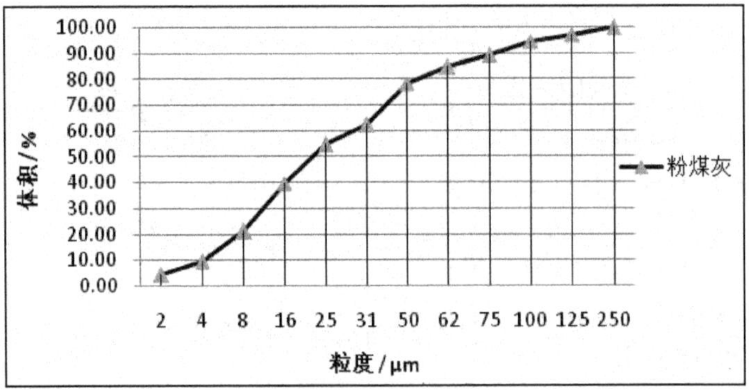

图 5.6 粉煤灰的粒度分布

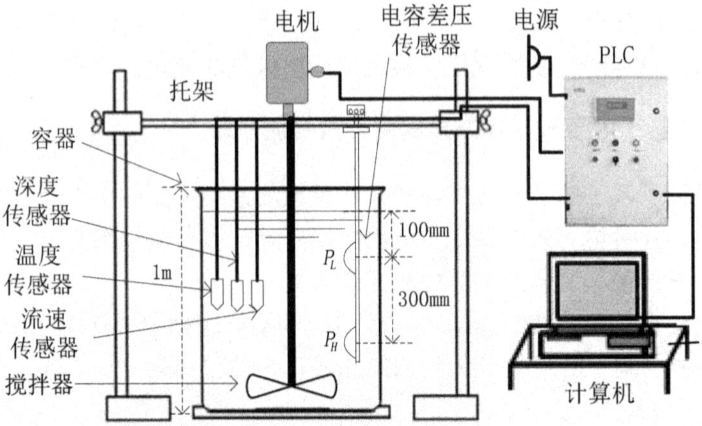

图 5.7 基于电容差压法的含沙量测量平台硬件平台示意图

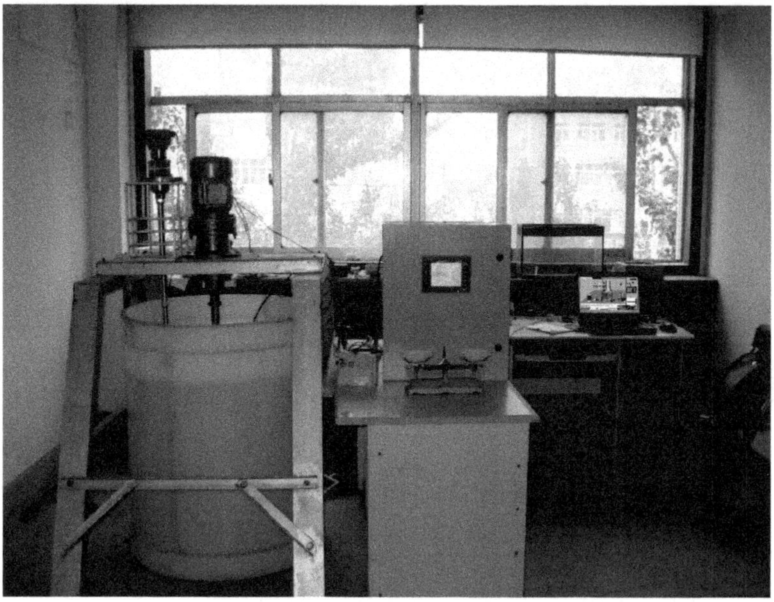

图5.8　基于电容差压法的含沙量测量平台实物图

实验时，含沙水体通过电机驱动搅拌混合。电容式差压传感器垂直放置，间距为300cm，其中，最上面的电容离液位不少于100cm。如图5.9所示为基于电容差压法的实验室含沙量检测实验，“模型水槽”含沙量检测实验如图5.10所示。

图5.9　基于电容差压法的实验室含沙量检测实验

图 5.10 基于电容差压法的“模型水槽”含沙量检测实验

5.2 环境因素影响分析及测量参数选择

5.2.1 水温变化对测量的影响分析

一般来说，水体温度变化会对含沙量测量产生影响。水体温度使含沙水体物理效应的性质发生变化，从而引起电容压差传感器的输出信号发生变化，或者使传感器电路的参数发生变化，如电容量的变化。这种变化用电容温度系数 α_C 表示：

$$\alpha_C = \frac{C_2 - C_1}{C_1(t_2 - t_1)} \times 10^6 \tag{5.16}$$

式中：C_1 为室温 t_1 下测定的电容值；C_2 为极限温度 t_2 下测定的电容值。差动电容的差压与介电常数无关，故差动电容的测量受温度的影响较小。但当差压转换为含沙量信号时，用密度ρ进行转换来间接测量含沙量。而对于不同的含沙水体，由于环境温度的改变，参数密度ρ将产生较大的变化。而式（5.16）中是以ρ不变为测量依据的，这样系统测量值就与实际值有较大的误差[198]。

试验结果也表明，在相同的含沙量水体中，水温变化会影响电容式差压传感器的输出。如图 5.11 所示为电容式差压传感器的输出与水温的关系图，可以看出含沙量测量与水温呈线性关系，y 值表示加沙过程中含沙量信息通过电容差压传感器转换的电流值。

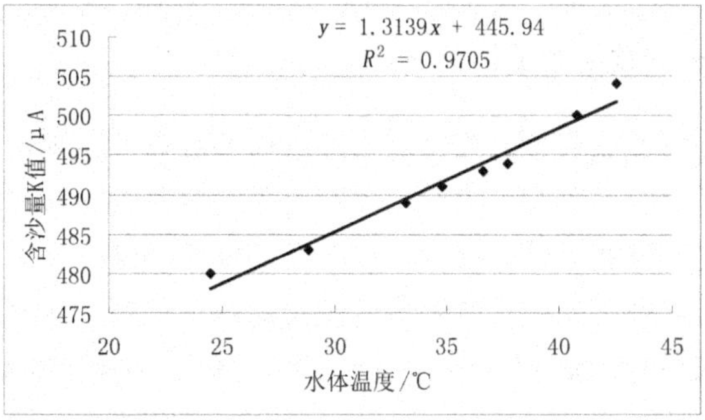

图 5.11　含沙量测量受温度的影响

5.2.2　测点深度对测量结果的影响分析

在电容式差压变送器中，差压△*Pi* 和位移△*S* 可近似看成是线性关系：

$$\Delta S = K \times \Delta P_i \tag{5.17}$$

式中 *K* 表示比例系数。式（5.17）的满足条件是△*S* 要远小于膜片的厚度。当含沙水体存在高压差（即高含沙量）时，这一条件可以满足。但当测量低含沙量（即微差压）时，膜片的灵敏度降低[199]。

对于同一水体，不同测定深度的含沙量会有所不同。如图 5.12 所示为含沙量测量受测点深度变化的影响。因此，含沙量检测也要考虑不同的测点深度对测量结果产生的影响。

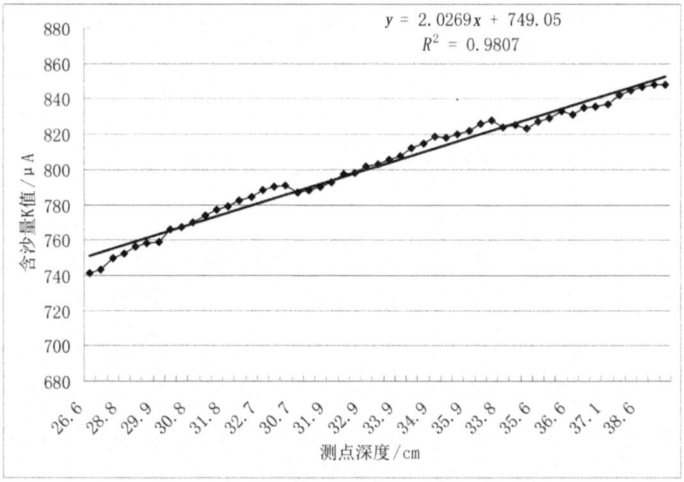

图 5.12　含沙量测量受深度的影响

5.2.3 流速对测量结果的影响分析

模拟试验和现场测试表明，流速是含沙水体挟沙力的主要影响因素。流速和水流脉动强度在垂线上分布不同，因此，含沙量在垂线上的分布也不同。在模拟试验时，本节采用了在实验池中用电机驱动搅拌带动挟沙水流，电机不同的转速产生不同的水流速度，同时也用深度传感器测量测点的深度信息。本试验用电机的转速 V（Hz）来代替水流速度。如图 5.13 所示，当电机转速不超过 50Hz（相当于测点流速在 0～0.4m/s 范围）时，转速对含沙量测量呈现线性关系；但当电机转速在超过 50Hz（相当于测点流速超过 0.4m/s）时对含沙量测量影响很大，产生复杂的高次关系，如图 5.14 所示。因此，电容差压传感器适合于流速在 0～0.4m/s 范围内使用，当流速超过 0.4m/s 时，本系统就不能正常使用。因此，电容差压方法较适合低流速河流的含沙量检测，特别是黄河流域库区含沙量的检测。

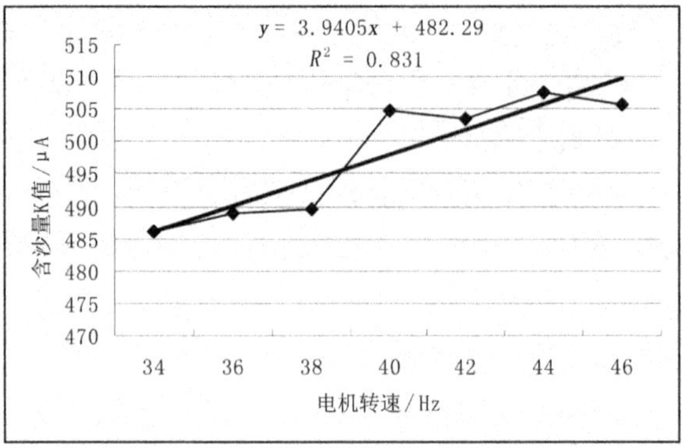

图 5.13　电机转速不超过 50Hz 时的测量影响

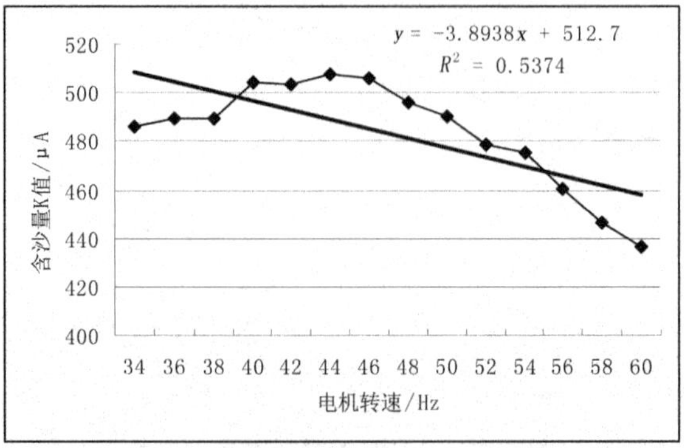

图 5.14　电机转速超过 50Hz 时的测量影响

5.2.4 测量参数选择

由于电容式差压传感器垂直放置，又利用差压原理，故泥沙粒径与不同的级配分布对测量结果影响较小。同样，水中的气泡可能会对其他含沙量测量原理的传感器（如超声波传感器）影响较大，但对电容式差压传感器影响较小。电导率对含沙量在线检测也有影响。通过实验发现，电导率将随粉煤灰的增加而增大；随粉煤灰的减少而减小。但由于所用的电导率传感器的量程很小，在超出大约 150kg/m^3 量程后就不能测出电导率值。因此，本实验中也没有考虑电导率对含沙量的影响。

综合上述分析，对系统测量影响较大的因素是水温、流速和测点深度。因此，本书选择基于径向基神经网络对含沙量、温度、流速和测点深度进行数据融合处理，来消除环境因素对含沙量检测的影响。

5.3 基于IGA-RBF的多传感器非线性融合模型

5.3.1 基于RBF神经网络的非线性数据融合原理

径向基函数神经网络以函数逼近为理论基础，通过隐层单元的基函数把输入层变换到隐层空间里，而隐层到输出层是线性加权融合。因此，RBF网络结构简单、训练速度快，并可避免局部极小问题[200]。RBF神经网络径向基函数：

$$\varphi_j = \exp\left[-\frac{\left\|X - C_j\right\|}{2\sigma_j^{\ 2}}\right], \qquad j = t, t+1, \ldots, t+M-1 \tag{5.18}$$

式中：φ_j 是第 j 个隐含层节点的输出；X 是隐含层节点的输入样本，$X=(x_1, x_2, \ldots, x_n)^{\mathrm{T}}$；$j$ 是隐含层节点序号；t 是输入样本；C_j 是高斯基函数的中心值；σ_j 是标准化常数；M 是隐层节点数。RBF的输出函数 y 是隐层节点输出的线性组合：

$$y = \sum_{j=1}^{M} w_{ij}\varphi_j, \quad i = 1, 2, \ldots, p \tag{5.19}$$

式中：w_{ij} 是网络输出的加权值；p 是输出节点个数。

实际测量含沙量时，影响因素主要有温度、流速和深度，故必须对传感器的数据进行融合处理。RBF网络模型如图5.15所示。

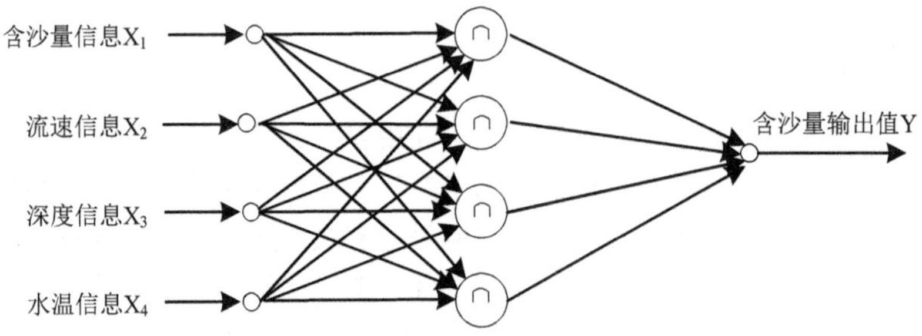

图 5.15 RBF 网络模型

5.3.2 改进遗传算法优化 RBF 神经网络参数

然而，RBF 也有其局限性，主要集中在构建设计网络参数具有随机性，由于遗传算法（GA，Genetic Algorithms）具有很好的全局寻优能力，可用来优化 RBF 网络中的参数[201]。但是，标准遗传算法（SGA，Standard Genetic Algorithm）并不是一种确定的最优算法，在寻优过程中经常出现算法停止在局部极值点的情况，另外还存在收敛速度缓慢的特点。Srinivas 等提出了自适应遗传算法（AGA，Adaptive Genetic Algorithm）[202]。该算法随着种群进化自适应地调整交叉率和变异率，适合于种群处于进化后期，而在种群进化初期阶段会使得进化过程略显缓慢。多年来，一些新的自适应遗传算法不断被提出，使之具有动态调整及改变交叉率（P_c, Probabilities of Crossover）和变异率（P_m, Probabilities of Mutation）[203,204]。

本书运用一种改进型的自适应遗传算法（IGA，Improved Adaptive Genetic Algorithm），其关键是通过自适应调整交叉概率和变异概率的学习策略，保持种群的多样性，引入最佳保留机制，自适应交叉概率，克服了基本遗传算法的早熟现象以及收敛速度慢的现象，使 RBF 神经网络的参数得到优化。IGA 优化 RBF 神经网络参数的步骤如下。

（1）个体编码和适应度函数构造。

在本补偿系统模型中，系统的性能可由传感器的实际输出与期望输出的偏差大小来衡量。本书构造第 i 个个体的适应度函数为：

$$f_i = \frac{1}{e^2(i)} = \frac{1}{\sum_{j=1}^{l}\sum_{k=1}^{p}(d_{jk} - y_{jk})^2} \tag{5.20}$$

式中：P 为训练样本数；l 为输出层节点个数；d_{jk} 为第 k 个神经元关于第 j 个样本的实际输出；y_{jk} 为第 k 个神经元关于第 j 个样本的期望输出。因而，取得最大

f 值时是最优的，这样选取的适应度函数能够比较直观地反映出每个个体性能的好坏。

（2）选择操作。

种群在进化过程中，多样性的维持会减少早熟现象的发生。算法通过引入密度因子来调整个体的选择率，克隆种群中高适应度的个体，并抑制种群中相似的个体，这样既能保持种群的多样性，又能保证优良个体以较大的概率进入到下一代。在适应度比例选择机制的基础上，增加基于密度的调节因子，于是个体被选择的概率 P_s 为：

$$P_s = \alpha(f_i / \sum f_i)/2 + (1-\alpha)\exp[-ACC(l/n \geqslant \phi)/N)^2] \tag{5.21}$$

式中：α 为修正系数，取 $0<\alpha<1$；ACC(.)为累加计算符合条件的个体数量；N 为种群数量；l 为任意两个最长公共子串的长度；n 为个体串长度；φ 为常数，通常取值为 $0.7 \leqslant \varphi \leqslant 1$。

由式（5.21）可以看出，个体的适应度越高，其选择概率越高；个体的密度越大，其选择概率越低。

（3）自适应交叉与变异。

自适应遗传算法根据染色体的适应度值来调节个体的交叉率（P_c）和变异率（P_m）。当种群个体适应度趋于一致或者趋于局部最优时，则增大 P_c 和 P_m；而当群体适应度比较分散时，则减少 P_c 和 P_m。同时，对于适应度值高于群体平均值的个体，则对应于较低的 P_c 和 P_m，使该解得以保护进入下一代；而低于平均适应度值的个体，则相对应于较高的 P_c 和 P_m，使该个体被淘汰。Srinivas 等提出了动态参数设置的方法：P_c 和 P_m 随适应度改变。当种群各个体的适应度趋于一致或局部最优时，P_c 和 P_m 增加；而当群体适应度比较分散时，P_c 和 P_m 减小。表达式如下：

$$P_c = \begin{cases} k_1\left(\dfrac{f_{\max} - f_{ci}}{f_{\max} - f_{av}}\right), & f_{ci} \geqslant f_{av} \\ k_3, & f_{ci} < f_{av} \end{cases} \tag{5.22}$$

$$P_m = \begin{cases} k_2\left(\dfrac{f_{\max} - f_{mi}}{f_{\max} - f_{av}}\right), & f_{mi} \geqslant f_{av} \\ k_4, & f_{mi} < f_{av} \end{cases} \tag{5.23}$$

式中：$f_{\max}$ 为当前种群的最大适应度；f_{ci} 为待交叉父母个体中适应度值；f_{av} 为当前种群的平均适应度；k_1、k_2、k_3、k_4 取（0,1）区间上的值。可以看出，当适应度值越接近最大适应度值时，交叉率和变异率就越小；当等于最大适应度值时，交叉率和变异率都为零[205,206,207,208]。这种调整方法对于群体处于进化后期比较合适，但对于进化初期不利，因为进化初期群体中较优的个体几乎处于不发生变化的状态，而此时的优良个体不一定是全局最优解。此时，动态自适应遗传算法（DAGA，the Dynamic Adaptive Genetic Algorithm）通过动态调整 P_c 和 P_m，能够避免进化初期群体中的局部最优[209,210]。动态自适应遗传算法设置 P_{c1} 和 P_{c2} 两个交叉率常数，其根据群体多样性（Population Diversity，Div）在每一代交叉时进行修正；同样，P_{m1} 和 P_{m2} 也是预设的两个变异率常数，也可以在变异时根据群体多样性进行修正。当 f_{ci} 等于 f_{max} 时，P_c 的值依靠 P_{c2}；当 f_{mi} 等于 f_{av} 时，P_m 的值就依靠 P_{m2}，这样就避免了 P_c 和 P_m 趋于 0 值。

实际上，P_c 和 P_m 不仅由最大值 f_{max} 和平均值 f_{av} 决定，而且由 P_{cmin}/P_{cmax} 和 P_{mmin}/P_{mmax} 决定。P_{cmax} 和 P_{cmin} 分别是最大和最小的交叉率；P_{mmax} 和 P_{mmin} 分别是最大和最小的变异率。P_{cmin} 和 P_{cmax} 越接近，则 P_{cmin}/P_{cmax} 的值越大，说明适应度值越集中，容易陷于局部最优；同样，P_{mmax} 和 P_{mmin} 越接近，则 P_{cmin}/P_{cmax} 的值越大，也容易陷于局部最优。

为此，本论文作了进一步的改进，提出一种改进型的自适应遗传算法（IGA）。当进化过程中出现最大的适应度值时，即 f_{ci} 等于 f_{max}，P_c 的值将决定于 P_{cmin}/P_{cmax}；P_{cmin}/P_{cmax} 的值越大，说明 P_{cmin} 和 P_{cmax} 越接近，适应度值越集中，容易陷于局部最优，此时 P_c 的值也越大，更易进行交叉；同样，P_{mmin}/P_{mmax} 的值越大，说明 P_{mmin} 和 P_{mmax} 越接近，P_m 的值也越大，更易变异。从而使种群中最大适应度值的个体的交叉率和变异率不为零，相应地提高了群体中表现优良的个体的交叉率和变异率，使得它们不会处于停滞不前的状态。改进的 IGA 遗传算法如下：

$$P_c=\begin{cases}p_{c1}, & f_{ci}<f_{av}\\ p_{c1}-\dfrac{(p_{c1}-p_{c2})(f_{ci}-f_{av})}{f_{max}-f_{av}}, & f_{ci}\geqslant f_{av}\end{cases} \tag{5.24}$$

$$P_m=\begin{cases}p_{m1} & f_{mi}<f_{av}\\ p_{m1}-\dfrac{(p_{m1}-p_{m2})(f_{max}-f_{mi})}{f_{max}-f_{av}} & f_{mi}\geqslant f_{av}\end{cases} \tag{5.25}$$

式中：P_{cmax} 和 P_{cmin} 的取值分别为 0.99 和 0.4。f_{ci} 为要交叉的两个个体中较大的适应度值。式（5.25）中，P_{mmax} 和 P_{mmin} 的取值分别为 0.1 和 0.0001，f_{mi} 为要变异的个体适应度值。f_{av} 为种群的平均适应度，α 和 β 为比例因子，可根据具体情况进行设置，一般设 $0.4\leqslant\alpha\leqslant0.99$，$0.001\leqslant\beta\leqslant0.1$。由上式可见，当个体的适应度小于 f_{av} 时，说明个体特性差，此时，P_c 和 P_m 取最大值，增加其在进化过程中被淘汰的概率。当个体的适应度大于 f_{av} 时，f_{ci} 和 f_{mi} 越大，P_c 和 P_m 的值就越小，从而提高了较优个体的存活率，增强遗传算法的局部搜索能力，提高了算法的收敛速度；反之f_{ci}和f_{mi}越小，P_c和P_m的值就越大，从而增加了新的搜索范围，提高了种群的多样性，防止算法出现早熟。通过上述自适应机制，根据个体的适应度大小自动调整交叉和变异的概率。本书采用实数编码，同时选择算术交叉，对交叉概率P_c和变异概率P_m采用自适应调整，以促进遗传算法的收敛。

5.4 实验结果及误差分析

5.4.1 实验材料和实验数据

试验所选取的粉煤灰为中型沙，其平均粒径为 33.29μm。每次在圆桶中投入定量的粉煤灰，用比重瓶获取含沙量实测值，并同时测量电容式差压传感器输出值（K）和水温（T）的信息值。K 值表示加沙过程中含沙量信息通过电容差压传感器转换的电流值。

本书从大量的实验数据中选取了 68 组数据来作为数据融合研究和分析，即 n=68，见表 5.1。用表中第 1 组到第 34 组数据拟合含沙量检测的数学方程；对第 35 组到第 68 组数据用建立的数学方程来反演，并用反演值和实测值进行误差分析，验证数据融合处理的效果。流速选择 0、20、30 和 40Hz 的转速等级。由于实验条件所限，水温和深度只选择两个变化级别。

表 5.1 电容差压传感器实测数据

组数	含沙量 K 值/μA	转速 V/Hz	温度 T/℃	深度 H/cm	实测值/kg/m^3	组数	含沙量 K 值/μA	转速 V/Hz	温度 T/℃	深度 H/cm	实测值/kg/m^3
1	453.0	0	21	59	134.9	35	730.1	20	21	59	134.9
2	431.0	0	18	45	134.8	36	699.8	20	18	45	134.8
3	707.8	30	21	59	134.9	37	716.1	40	21	59	134.9
4	691.0	30	18	45	134.9	38	692.5	40	18	45	134.8
5	714.3	20	21	59	134.8	39	720.3	20	21	59	135.0
6	698.3	20	18	45	135.5	40	698.0	20	18	45	135.2
⋮	⋮	⋮	⋮	⋮	⋮	⋮	⋮	⋮	⋮	⋮	⋮
33	703.0	40	18	45	138.2	67	701.8	30	18	45	137.7
34	702.8	40	18	45	137.9	68	723.0	40	21	59	138.1

5.4.2 一元回归分析

本章首先实现了电容式差压传感器输出值和含沙量实测值之间的线性关系，

没有考虑环境因素的影响。用表 5.1 中的前 34 组数据拟合。如图 5.16 所示是输出含沙量 y 和输入量压差 k 值之间的一元一次线性回归关系。式（5.26）为拟合的一元一次回归方程。用一元高次回归方程拟合出电容式差压传感器输出值和含沙量实测值之间关系的效果会更好，但拟合的一元高次方程复杂、不易实现。

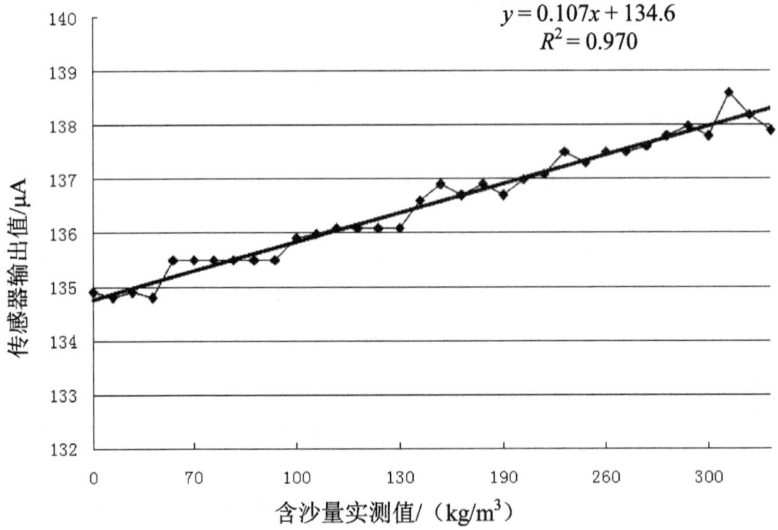

图 5.16　电容差压传感器一元一次线性回归

$$y = 0.1073k + 134.66 \tag{5.26}$$

把式（5.26）作为电容差压传感器的反演公式，对表 5.1 中后 34 组待检验数据进行测量，与实测值进行比较和误差分析。如图 5.17 所示为一元回归反演的误差分析图。电容差压传感器一元回归反演的平均测量误差是 2.34kg/m^3，单次测量最大误差绝对值为 3.81kg/m^3。电容差压传感器在低含沙量时检测精度较低，但随着含沙量的增加，测量误差在减小。因此，电容差压传感器较适合高含沙量河流中使用，特别适用于黄河及其流域库区的含沙量检测。

5.4.3　多元线性回归反演和 BP 融合分析

为了进行比较，本章在相同的环境中还进行了多元线性回归分析。多元线性融合处理即将电容差压传感器融合了水温、流速和深度的信息后，进行多元线性回归处理。如图 5.18 所示，整体的平均误差为 2.92kg/m^3，单次测量最大误差绝对值为 8.03kg/m^3。多元线性回归融合的效果较差，说明虽然考虑不同的环境因素影响，但仅对各种环境因素进行多元一次回归分析，融合的效果还不是很理想。

这说明，电容差压传感器在检测含沙量时，受到环境因素的非线性影响，因此要对电容差压传感器含沙量检测进行非线性融合处理。电容差压传感器的多元一次回归方程如式（5.27）所示。

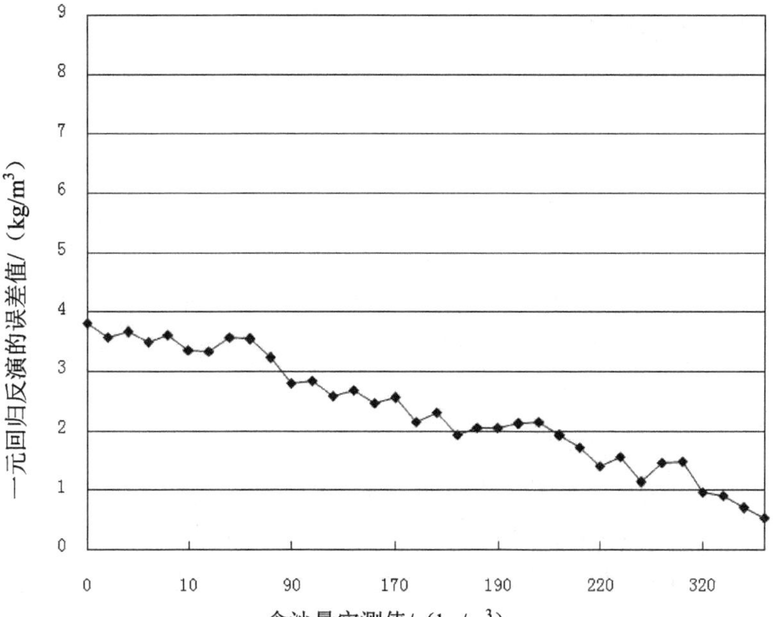

图 5.17 电容差压传感器一元回归反演的误差分析

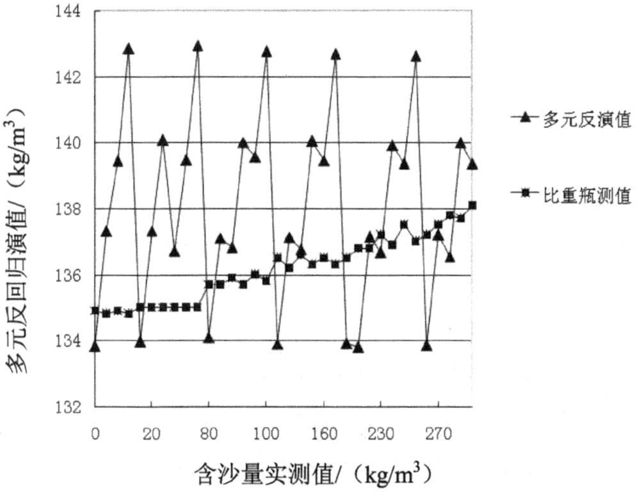

图 5.18 电容差压传感器多元回归反演

$$S = -0.01K + 0.27V + 18.1T - 4.1H \tag{5.27}$$

式中：V为流速；T为水温；H为深度的信息值。

如图 5.19 所示，BP 神经网络融合处理后得到整体的平均误差为 1.76kg/m^3，单次测量最大误差绝对值为 3.19kg/m^3。与多元线性回归分析相比较，BP 神经网络融合处理的误差较小，这表明基于神经网络的非线性数据融合的效果较好，更能够考虑不同环境因素的影响。

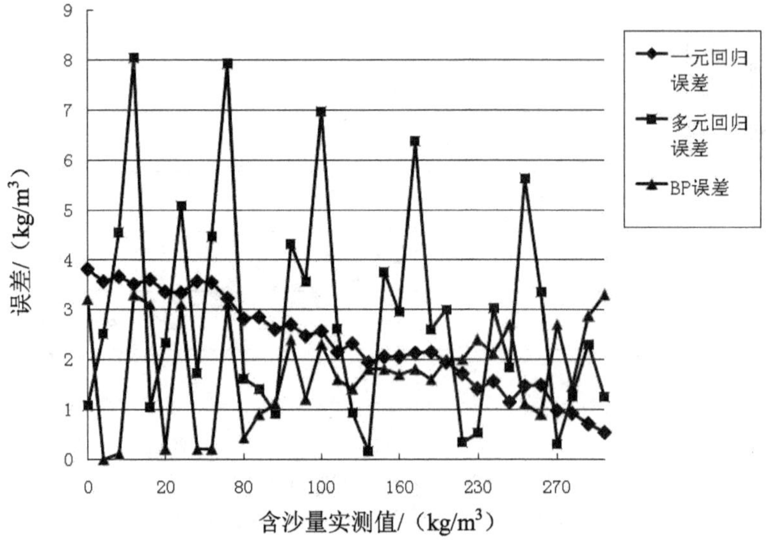

图 5.19 一元、多元和 BP 误差分析

5.4.4 S-RBF、AGA-RBF 和 DAGA-RBF 的融合处理分析

如图 5.20 所示，S-RBF 神经网络数据融合处理后得到整体的平均误差为 1.38 kg/m^3，单次测量最大误差绝对值为 3.05kg/m^3。与 BP 神经网络融合相比较，S-RBF 神经网络融合处理的误差较小，且输出结果的稳定性较好。

S-RBF 神经网络的扩展速度、输出权重、隐层基函数中心及宽度等参数都需要人工选择并进行最优的调整。本章也按照 Srinivas 等提供的算法，进行基于自适应遗传算法的 RBF 神经网络（AGA-RBF）融合处理分析。进化代数选为 30 代；K_1=0.5，K_2=0.02，K_3=0.85，K_4=0.05。AGA-RBF 神经网络数据融合处理后得到整体的平均误差为 1.01kg/m^3，单次测量最大误差绝对值为 2.77kg/m^3。如图 5.22 所示为 AGA-RBF 和 S-RBF 融合处理的误差比较图。

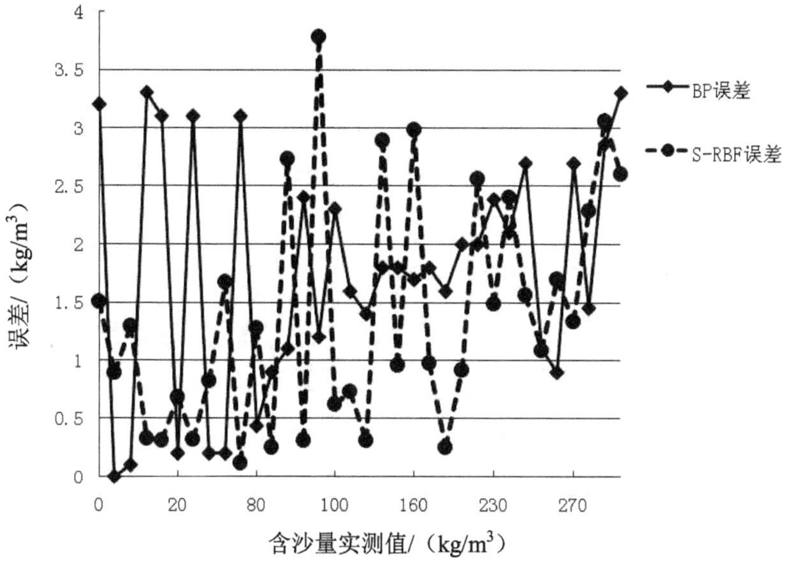

图5.20　S-RBF 和BP的误差分析

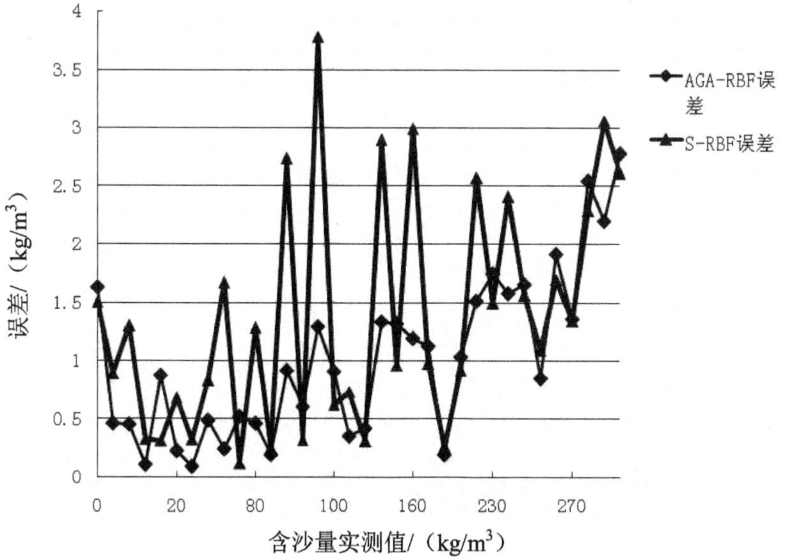

图5.21　S-RBF和AGA-RBF的误差分析

本章也进行了基于动态自适应遗传算法的RBF神经网络（DAGA-RBF）融合处理分析。进化代数选为30代；P_{c1}=0.9，P_{c2}=0.6，和P_{m1}=0.1，P_{m2}=0.001。DAGA-RBF神经网络数据融合处理后得到整体的平均误差为1.04kg/m^3，但是其单次测量最大误差绝对值为 2.01kg/m³。如图 5.23 所示为 SGA-RBF、AGA-RBF 和 DAGA-RBF 融合处理的误差比较图。由于 AGA-RBF 和 DAGA-RBF 神经网络自动优化径项基的参数，所以融合处理的效果更好、误差更小，且输出结果更接近实测值。

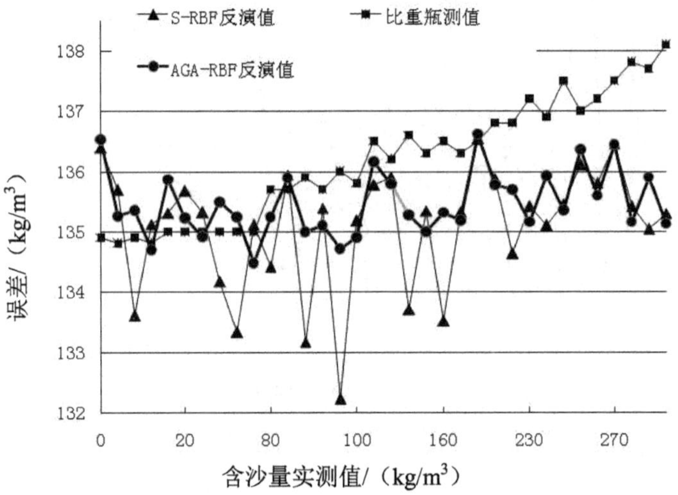

图 5.22　AGA-RBF 和 S-RBF 的反演值比较

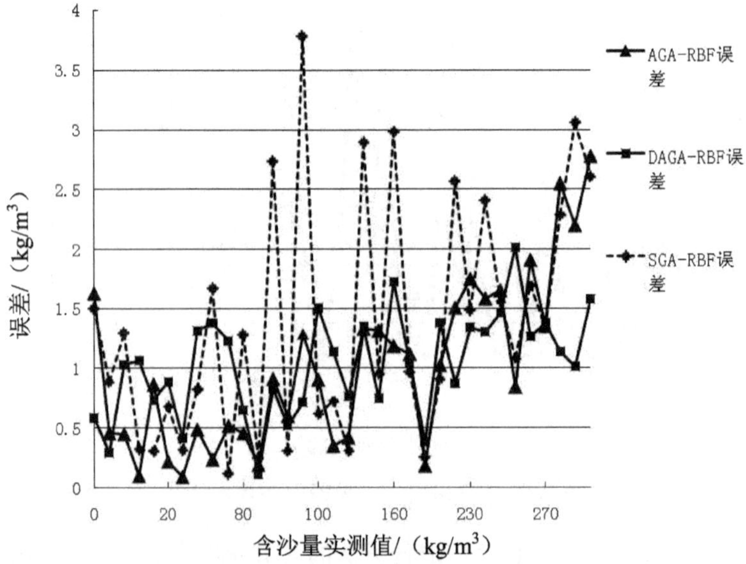

图 5.23　DAGA-RBF 的误差分析

5.4.5 IGA-RBF融合分析

在改进遗传算法优化径项基（IGA-RBF）神经网络融合中，需要对进行优化的径向基的扩展速度、输出权重、隐层基函数中心及宽度四个参数的初值进行二进制编码，设定每个参数的编码长度为10。径向基扩展速度值的选取对RBF神经元输入向量覆盖区间的影响很大，所以也将扩展速度作为参数进行优化。遗传算法参数设置为：种群规模 G 为200，进化代数Size为30，$P_{c\max}$ 为0.99，$P_{c\min}$ 为0.4；$P_{m\max}$ 为0.1，$P_{m\min}$ 为0.001；设 α=0.90，β=0.1。变异概率和交叉概率分别由算法给出。在进化到120代时，网络的误差函数就基本趋于稳定。再对RBF进行学习训练，经过1000步训练后，网络误差小于0.001，得到一组最优的网络参数初值，并建立RBF神经网络的反演模型，进行反演值和实测值的误差分析。

如图5.24所示为IGA-RBF神经网络融合和传统的RBF方程反演的误差比较。从图5.24可以看出，IGA-RBF能在一定程度上减小因传感器输出滞后所带来的动态测量误差，因此其融合效果最理想，受环境因素的影响较小，整体的误差较小，从而提高了系统的测量精度。

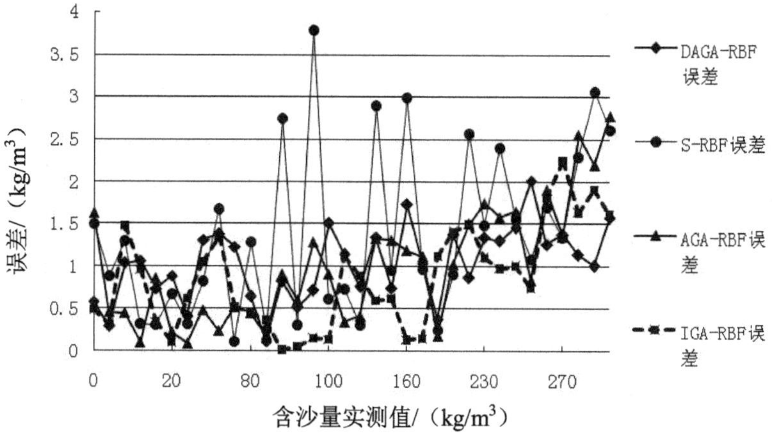

图5.24 IGA-RBF和传统的RBF方程反演的误差比较

本书提出的IGA-RBF神经网络融合处理的误差最小，平均误差为0.85 kg/m³，单次测量最大误差绝对值为2.24kg/m³，并在进化代数到70代时就已经相对稳定。但IGA-RBF运行所用的时间相对较多，其总运行时间为294.732s，子函数运行时间也是最多的；而未经优化的RBF神经网络运行的时间最少，其总运行时间为17.247s。这里的子函数是遗传算法所在的程序函数部分。这说明，利用遗传算法对 RBF 进行改进是以消耗运行时间为代价，将影响含沙量在线检测的实时性。如图 5.25 所示为 IGA-RBF 网络与 BP 网络、多元回归分析和一元回归的误差比较。

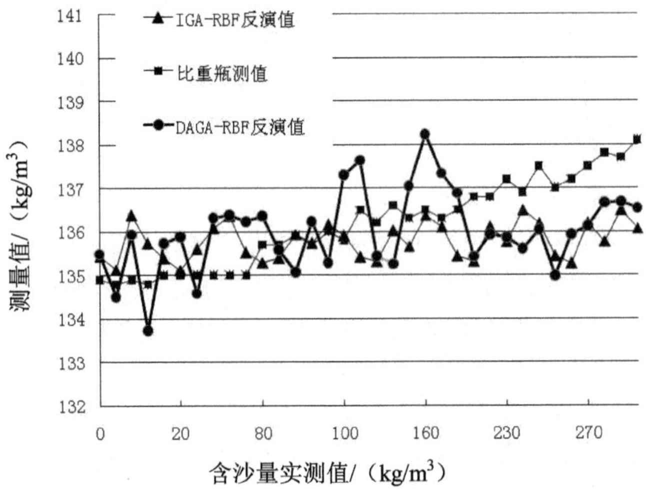

图 5.25 IGA-RBF 的反演值比较

5.5 本章小结

本章首先研究了基于电容式差压法的 HSSC 检测方法；然后讨论了温度、深度和流速等环境因素对电容式差压传感器的影响，提出了一种基于改进型遗传算法优化径向基函数的数据融合方法；最后设计了基于 PLC 的硬件平台，利用多通道模拟量输入模块对含沙量信息、温度、深度和流速值集中采集和融合处理，并实时显示。为了比较 IGA-RBF 方法的融合效果，在相同环境下还进行了一元线性回归、多元线性回归、BP 和传统的 RBF 的含沙量融合处理。实验结果表明，IGA-RBF 能有效消除环境影响，提高了系统测量的精度；更为重要的是，IGA-RBF 克服了传统 RBF 神经网络参数选择的随机性，使含沙量测量系统具有更高的适应性和稳定性。

第6章　基于 Wavelet–Curvelet 的含沙量多源多尺度融合模型

目前所采用的数学融合模型有统计估值模型、回归模型、自适应模糊推理模型、神经网络模型等[211,212,213]。然而，含沙量测量过程一般会受环境等多方面因素（如含沙水体的温度、测点应用深度及流速等）的影响。因此，需要建立一种含沙量多源信息时间序列分解模型，能反映含沙量测量与影响因素之间相互关系的检测模型，实现环境量信息观测值和含沙量信息观测值的动态融合功能。

本章进行了含沙量多源多尺度融合模型研究，重点研究了基于 Wavelet-Curvelet 的多源多尺度的最优融合问题。本章首先进行了含沙量多源信息时间序列分析，建立了多源含沙量信息分解模型；然后采用基于小波的多尺度融合分析法来提取趋势项信息，并建立多尺度分段标量加权线性最小方差融合准则对各个传感器的趋势项进行融合；同时采用曲波变换来提取含沙量随温度变化的方向细节信息；最后将含沙量信息的趋势项信息和方向细节信息相加，建立了基于 Wavelet-Curvelet 多源多尺度反演模型，实现了含沙量多源多尺度最优融合处理。

6.1　多源含沙量信息序列分析

6.1.1　含沙量信息分解模型

含沙量信息时间序列 $X(k)$ 可经过函数变换后分解为含沙量信息的加法模型形式：

$$X(k)=T(k)+S(k)+V(k)+w(k) \tag{6.1}$$

式中：$T(k)$ 为含沙量趋势项，反映了含沙量序列主要变化趋势；$S(k)$ 为含沙量周期项，指含沙量观测数据随环境的变化量；$V(k)$ 为含沙量循环周期项，反映了含沙量时间序列的循环周期变动；$w(k)$ 为随机项，指各种随机因素对含沙量序列的影响。本章将含沙量信息的季节项与循环周期项归为周期项，暂不考虑循环周期项对含沙量测量的影响。

近年来，在二维图像处理中，卡通纹理分解模型的应用引起了研究学者的关注[214]。卡通纹理分解模型的算法首先由 Buades 等提出[215]；Meyer 提出卡通纹理分解理论[216]，Meyer 认为任何图像都可以被分解为卡通（趋势项）部分和纹理（周期项）部分，它们相应地可以用有界函数和扰动模型表示。Meyer 将图像分解模型表示为能量最小化问题：

$$\inf_{(u,v)\in X_1\times X_2}\{F_1(u)+\lambda F_2(v):f=u+v\} \tag{6.2}$$

式中：$F_1(u),F_2(v)\geqslant 0$ 是在空间 X_1、X_2 下的函数；λ 为调整的参数；f 为原始图像。考虑到含沙量测量信息序列的产生是含沙量传感器自身检测规律和环境诱发因素综合作用的结果。含沙量测量信息序列主要是含沙量传感器自身检测的含沙量信息控制的趋势项，以及含沙水体的温度、测点深度和流速等因素主导的周期项。故时间序列加法模型可概化为

$$X(k)=T(k)+S(k)+w(k) \tag{6.3}$$

式中：$w(k)$ 为含沙量时间序列；$T(k)$ 为趋势项含沙量信息，也可以理解为图像处理中的卡通信息；$S(k)$ 为周期项含沙量信息，也可以理解为图像处理中的纹理细节信息；$w(k)$ 为随机项。在这里，本书将含沙量信息和环境量信息组建为二维或者多维图像信息，然后借用图像的分解和处理方法对含沙量信息进行分解和融合处理。趋势项含沙量信息的提取采用基于小波的多尺度融合分析法；周期项含沙量信息的提取采用曲波变换对其进行多源含沙量时间序列的。

6.1.2 Curvelet 含沙量信息分解模型

小波分析只有尺度和方向，不能很好地刻画图像的细节，尤其在图像像素突变的部分。曲波可以很好地描述图像像素突变的部分，但是在图像的各向同性稀疏表示上，曲波比小波稀疏表示要差一些[217]。因此，本章提出一种新的含沙量多源多尺度融合方法，利用第二代 Curvelet 变换分析的优点，联合 Curvelet 域和 Wavelet 域对含沙量多源信息进行多尺度融合处理。

第二代 Curvelet 变换有两种实现方法：USFFT 算法（Unequispased FFT）和 Wrap 算法（Wrapping-based transform）。USFFT 算法的计算速度要比 Wrap 算法慢，故本章采用了 Wrap 算法。基于 Curvelet 变换的含沙量多源多尺度融合的基本步骤如下：

（1）对每一个含沙量传感器信息至少进行二维图像化，本章采用以温度传感器信息为水平坐标，以含沙量传感器信息为垂直坐标，以含沙量实测值为函数值，建立温度-含沙量信息图。

（2）对每一幅图像分别进行 Curvelet 变换，得到不同分辨率层次下的 Curvelet

系数以及高频和低频系数。

（3）对每一幅图像的高频系数进行取最大值后平均的计算，并对平均后的高频系数进行 Curvelet 逆变换，得到高频重构后的细节信息。

6.2 含沙量多源多尺度最优融合理论及算法

6.2.1 多源数据卡尔曼滤波

含沙量趋势项信息的提取采用基于小波的多尺度融合分析法。假设共有 M 个含沙量数据源（或者传感器），首先要对每一个含沙量数据源进行卡尔曼滤波的最优化自回归数据处理。当不考虑控制信号的作用时，对第 $m(m=1,2,\dots,M)$ 个含沙量数据源进行卡尔曼滤波，式（2.1）和式（2.2）可变为式（6.4）和式（6.5）：

$$X_m(k+1)=\boldsymbol{F}_m(k)x_m(k)+w_m(k)\,,\quad k\geqslant 0 \tag{6.4}$$

$$Z_m(k)=\boldsymbol{H}_m(k)x_m(k)+v_m(k)\,,\quad k\geqslant 0 \tag{6.5}$$

式中：$X_m(k+1)$ 是对第 m 个含沙量传感器在 $k+1$ 时刻的系统状态，$x\in R^{n\times 1}$；$\boldsymbol{F}_m(N,K)$ 是系统矩阵，且 $\boldsymbol{F}_m(N,k)\in R^{n\times n}$；$Z_m(i,k)$ 是第 m 个含沙量传感器在 k 时刻的测量值；$\boldsymbol{H}_m(i,k)$ 是测量系统的参数，对于多源测量系统，H 为矩阵。$w_m(N,k)$ 和 $v_m(i,k)$ 分别表示过程和测量的噪声，且满足：

$$\left.\begin{aligned}&E\{w_m(N,K)\}=0\\&E\{w_m(N,K)w_m(N,l)^{\mathrm{T}}\}=\boldsymbol{Q}_m(N,K)\delta_{kl},\ \ k,l\geqslant 0\end{aligned}\right\} \tag{6.6}$$

式（6.6）中，$\boldsymbol{Q}_m(N,K)$ 是对称的非负定对称阵；δ_{kl} 为狄拉克函数。在 N 个不同的尺度上，各有不同的传感器对系统进行观测，其测量值 $Z_m(i,k)\in R^{p_l\times 1}$，$\boldsymbol{H}_m(i,k)\in R^{p_l\times n}$ 是观测矩阵，测量噪声是一随机序列 $v_m(i,k)\in R^{p_l\times 1}$，且满足：

$$\left.\begin{aligned}&E\{v_m(i,K)\}=0\\&E\{v_m(i,k)v_m(j,l)^{\mathrm{T}}\}=R_m(i,k)\delta_{kl}\delta_{ij}\\&E\{v_m(i,k)w_m(N,l)^{\mathrm{T}}\}=0,\ \ k,l\geqslant 0\end{aligned}\right\} \tag{6.7}$$

6.2.2 多源多尺度最优融合估计方程

根据多尺度系统分析方法，将某一含沙量传感器 m 在尺度 N 上的状态方程和各个尺度上的观测方程向粗尺度上进行分解，在尺度 i（$1\leqslant i\leqslant N$）上得到：

$$x(i,k+1)=F(i,k)x(i,k)+w(i,k) \tag{6.8}$$

$$E\{w(i,k)\}=0\,,\quad E\{w(i,k)w(i,k)^{\mathrm{T}}\}=Q(i) \tag{6.9}$$

$$Z^j(i,k+1)=\boldsymbol{H}^j(i)x(i,k)+v^j(i,k)\,,\quad j=N,N-1,\ldots,i \tag{6.10}$$

$$v^j(i,k)\sim N[0,R^j(k)],\ j=N,N-1,\ldots,i \tag{6.11}$$

$$E\{v^j(i,k)w(i,l)^T\}=0 \tag{6.12}$$

$$E\{v^{j_1}(i,k)v^{j_2}(i,l)\}=\boldsymbol{R}^{j_1}(i)\delta_{j_1j_2}\delta_{kl}\,,\quad j_1,j_2=N,N-1,\ldots;i,k,l>0 \tag{6.13}$$

其中：

$$F(i)=F(i+1)F(i+1)\,,\quad i=1,2,\ldots,N-1 \tag{6.14}$$

$$H^j(i)=H^j(i+1)\,,\quad j=N,N-1,\ldots,i\,;\quad i=1,2,\ldots,N-1 \tag{6.15}$$

$$Q(i,k)=[F(i+1,2k-1)Q(i+1,2k-1)F(i+1,2k-1)+Q(i+1,2k-1)]/2 \tag{6.16}$$

$$R^j(i)=R^j(i+1,2k)/2 \tag{6.17}$$

设$H^j(i,k)$=$H(i,k)$，$R^j(i,k)$=$R(i,k)$。这样，在尺度 i 上就得到了描述状态的系统方程式（6.8）和$(N-i-1)$个观测方程式（6.10）及其测量值，从而在尺度 i 上构成了$(N-i-1)$个虚拟同步传感器无反馈分布式融合结构，再结合多源多尺度分段标量加权融合（Multi-scale Data Fusion Section Weighted by Scalars）算法，构建尺度 i 上的融合估计，即形成多尺度最优融合算法。

6.2.3 多源多尺度分段标量加权融合模型

针对含沙量多源信息趋势项状态融合问题，本书提出了一种新的分段加权融合方法，根据传感器不同的测量量程，利用小波变换将信号在时频域展开，然后利用新的分段加权准则对含沙量多源信息趋势项进行重构。

设$\hat{x}_l\ (l=1,2,\ldots,N)$为对 M 维随机向量 x 的 N 个无偏估计，记估计误差为$\tilde{x}_l=x-\hat{x}_l$，当$l\neq j$时，$\tilde{x}_l$和$\tilde{x}_j$相关。误差方差和协方差阵分别为p_{ll}和p_{lj}，引入合成的 k 时刻尺度为 i 的无偏估计：

$$\begin{aligned}\hat{x}(i,k|k)&=\alpha_1(k)\hat{x}_1(i,k|k)+\alpha_2(k)\hat{x}_2(i,k|k)+\ldots+\alpha_N(k)\hat{x}_N(i,k|k)\\&=\sum_{l=1}^{N}\alpha_l(k)\hat{x}_l(i,k|k)\end{aligned} \tag{6.18}$$

$$p_{lj}(i,k|k)=E\{[x(i,k)-\hat{x}_l(i,k|k)][x(i,k)-\hat{x}_j(i,k|k)]^T\}\,,\quad l,j=1,2,\ldots,N \tag{6.19}$$

$$E\{[x(i,k)-\hat{x}_l(i,k|k)][x(i,k)-\hat{x}_j(i,k|k)]^T\}=\min \tag{6.20}$$

$$\alpha_1(k)+\alpha_2(k)+\ldots+\alpha_N(k)=1 \tag{6.21}$$

在式（6.20）和式（6.21）的情况下，其最优加权系数$\alpha(k)$可由式（6.22）计算：

$$\alpha_N(k)=\frac{\boldsymbol{B}^{-1}(k)I}{I^T\boldsymbol{B}^{-1}(k)I} \tag{6.22}$$

$$P(k|k)=\sum_{l,j=1}^{N}A_l(k)A_j(k)P_{lj}(k|k) \tag{6.23}$$

式中：$\alpha(k)=[\alpha_1(k),\alpha_2(k),\dots,\alpha_N(k)]^{\mathrm{T}}$；$B^{-1}(k)=tr(P_{lj}(k|k))$；$I=[1,1,\dots,1]^{\mathrm{T}}$；$tr$ 表示矩阵的迹。当某些传感器 m（$m=1,2,\dots,M$）的误差方差 p_{nn} 大于某一设定的传感器误差阈值或者超出该传感器测量含沙量的量程时，将传感器 n 从传感器组合中剔除，重新计算加权矩阵 $\alpha_{N-n}(k)$ 和融合估计误差方差矩阵 $P(k|k)$：

$$\alpha_{N-n}(k)=\frac{\boldsymbol{B}^{-1}(k)I}{I^T\boldsymbol{B}^{-1}(k)I} \tag{6.24}$$

$$P(k|k)=\sum_{l,j=1}^{N-n}A_l(k)A_j(k)P_{lj}(k|k) \tag{6.25}$$

式中：$\alpha(k)=[\alpha_1(k),\alpha_2(k),\dots,\alpha_{N-n}(k)]^{\mathrm{T}}$，$\boldsymbol{B}^{-1}(k)=tr[P_{lj}(k|k)]$，$I=[1,1,\dots,1]^{\mathrm{T}}$，$l,j=1,2,\dots,N-n$。

6.2.4 多源多尺度分段标量加权融合算法流程

假设长度为 M 的一个数据块，用卡尔曼滤波器在单尺度 N 上根据观测数据块进行滤波估计。因为原始信号存在大量噪声，状态估计不是很精确。但当从尺度 N 到尺度 i 的小波多尺度分解后，信号可分解为尺度 i 上的直流信号和相应各尺度 l（$i\leqslant l\leqslant N-1$）上的细节信号。对于初始状态估计块序列，分解在不同尺度上的块序列集合为：

$$\{\hat{X}_H(N-1),\hat{X}_H(N-2),\dots,\hat{X}_H(i),\hat{X}_L(i)\} \tag{6.26}$$

如图 6.1 所示，在尺度 i 上，根据观测值 $X(m+1)$ 更新 $\hat{X}_L(i)$，同时更新 $\hat{X}_H(i)$。更新结束后，通过小波重构得到尺度（i+1）上的 $\hat{X}(m+1|m)$，根据尺度（i+1）上的传感器（i+1）观测值 $X(m+1)$ 和观测模型的估计值 $\hat{X}(m+1|m)$ 间的方差 p_{nn} 进行判断。

当某个传感器 n（$n=1,2,\dots,N$）的方差 p_{nn} 大于某一设定的传感器误差阈值时，如果方差 p_{nn} 很大，则认为该传感器测量不稳定或者已超出测量量程，对该传感器进行剔除；继续进行尺度（i+2）上的 $\hat{X}_H(i)$ 更新，同时进行观测值 $X(m+1)$ 和观测模型的估计值 $\hat{X}(m+1|m)$ 间的方差 p_{nn} 判断。依据方差判断，直至尺度 $l(\mathrm{i}\leqslant l\leqslant N-1)$ 中满足整体均方误差 MSE 达到能接受的误差值，实现了多源多尺度动态融合功能。

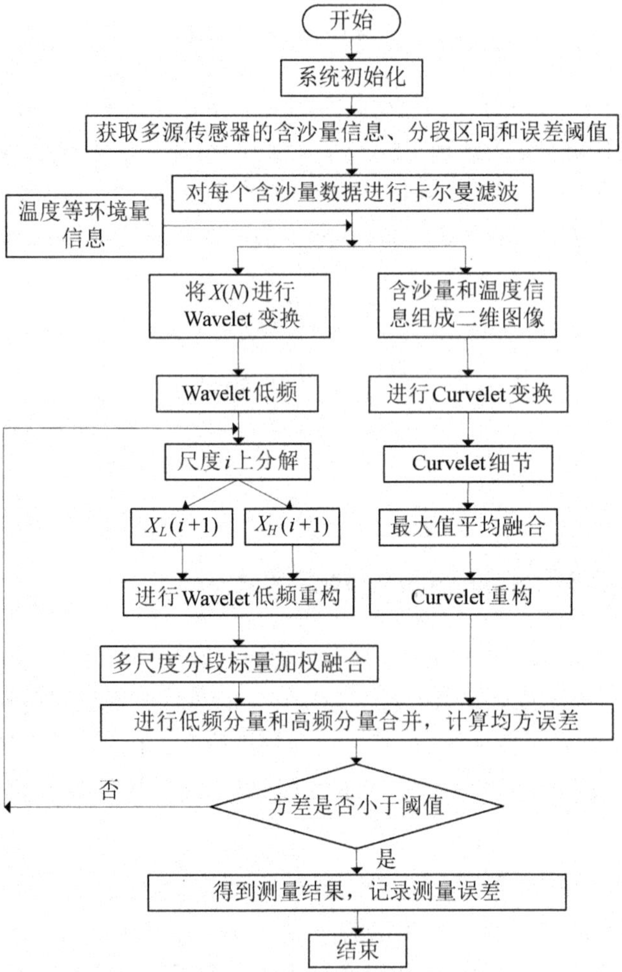

图 6.1　含沙量多源多尺度最优融合算法流程

6.3　含沙量分布式多源多尺度融合系统设计

6.3.1　含沙量分布式检测系统整体架构

本书采用的多个含沙量传感器既有相同的采样间隔，又具有相同的采样率。本系统实现了含沙量信息及环境信息（包括水体温度、深度、流速等）的在线实时获取和处理。如图 6.2 所示为含沙量多源多尺度检测系统整体架构示意图。

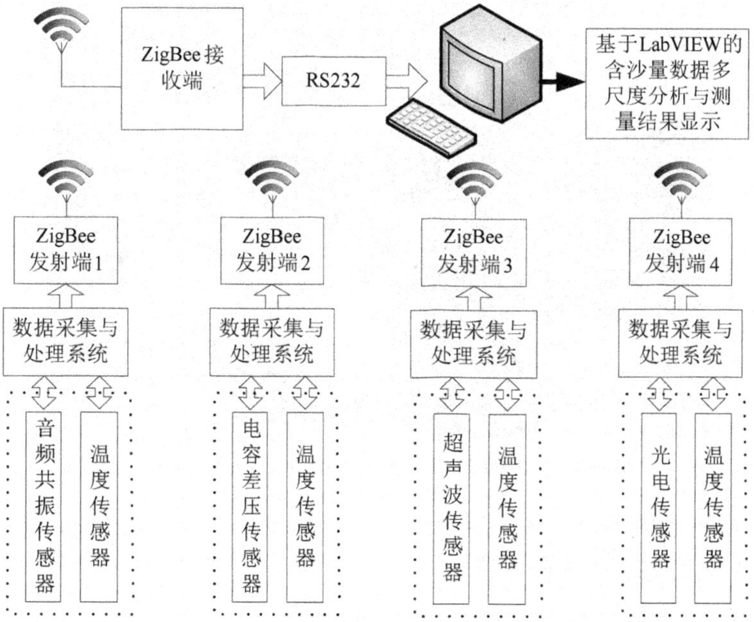

图 6.2　含沙量多源多尺度检测系统整体架构

从图中可知，各个测量子节点根据具体需求可设置不同的测量对象，但各测点都需有含沙量检测传感器和水体温度传感器。各个测点通过 ZigBee 无线传输至测量总节点，在测量总节点显示测量值；然后由数据网关（Gateway）负责与计算机进行双工通信，将采集的数据传输到计算中心。系统中用来测量含沙量信息的有四个测点，每个测点的含沙量传感器分别是电容差压式传感器、音频共振传感器、超声波传感器和光电传感器，其输出信号的方式可设为 4～20mA 的电流信号，也可由人工输入数据。环境信息包括水体温度、深度、电导率、流速等，其中重点测量了水温，其传感器输出信号为 4～20mA 的电流信号。

6.3.2　实验材料和实验数据

本次实验是在“模型黄河”上进行含沙量检测，如图 6.3 所示。每次用比重瓶获取含沙量实测值，并同时测量电容式差压传感器输出值（K_1）、音频共振传感器输出值（K_2）、超声波传感器输出值（K_3）和光电传感器（K_4）输出值；每个含沙量传感器都配备了温度传感器（分别为 T_1、T_2、T_3、T_4）。

图 6.3 “模型黄河”含沙量检测与多源融合实验

本次实验选取粉煤灰作为媒质材料，其平均粒径为 15.53μm，中数粒径为 9.31μm，粒度分布如图 6.4 所示。

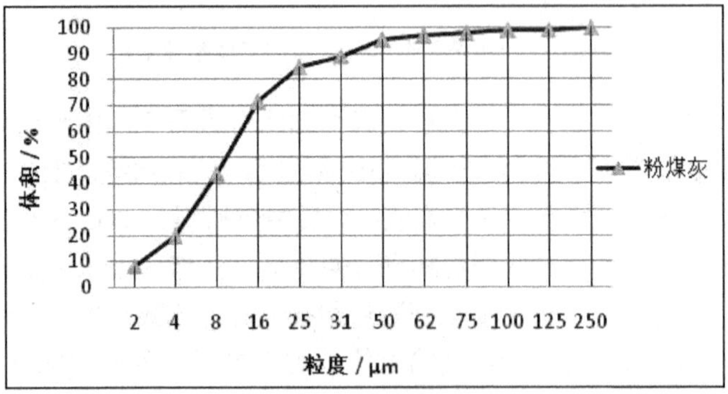

图 6.4 “模型黄河”试验粉煤灰粒度分布

本书从大量的实验数据中选取了 70 组数据进行数据融合研究和分析，即 n=70，见表 6.1。用于光电含沙量传感器的量程很小，只有 0～40kg/m^3。超声含沙量传感器采用超声波衰减的原理来测量水渠、河流中泥沙的含量。本实验使用的超声波传感器量程也比较小，为 0～150kg/m^3。表 6.1 中第 1 组到第 35 组数据用来拟合含沙量检测的数学方程；第 36 组到第 70 组数据用来建立数学方程反演，并用反演值和实测值进行验证数据融合处理的效果。表 6.1 中的“－”表示所用的传感器未测得值，说明已超出传感器的量程。

表 6.1 用于拟合和比较的数据

组数	电容差压 K_1/（μA）	温度 T_1/（μA）	音频共振 K_2/（μA）	温度 T_2/（μA）	超声波 K_3/（μA）	温度 T_3/（μA）	光电 K_4/（μA）	温度 T_4/（μA）	实测值/（kg/m³）
1	816	143	731	8.2	0	203.6	0.12	203.6	0
2	854	121	733	8.1	28	243	0.16	243	4.75
3	836	121	736	8.1	86	263.6	1.07	263.6	7.6
⋮	⋮	⋮	⋮	⋮	⋮	⋮	⋮	⋮	⋮
34	1316	131	998	11.1	—	—	—	—	530.1
35	1337	132	1008	11.2	—	—	—	—	545.3
36	822	124	726	8.1	0	225.4	0.14	225.4	3.79
37	839	122	737	8.1	60	265	0.2	265	5.7
38	892	123	740	8.1	92.1	261	2.1	261	11.39
⋮	⋮	⋮	⋮	⋮	⋮	⋮	⋮	⋮	⋮
69	1339	134	993	11.1	—	—	—	—	533.9
70	1347	131	1011	11.2	—	—	—	—	551

6.4 实验结果及误差分析

6.4.1 一元回归分析

首先不考虑环境因素的影响，只进行电容式差压传感器、音频共振传感器、超声波传感器和光电传感器的输出值和含沙量实测值之间的关系。用表 6.1 中的前 35 组数据拟合，对传感器输入值 x 和传感器输出值 y 进行一元线性回归分析，如图 6.5 至图 6.8 所示。

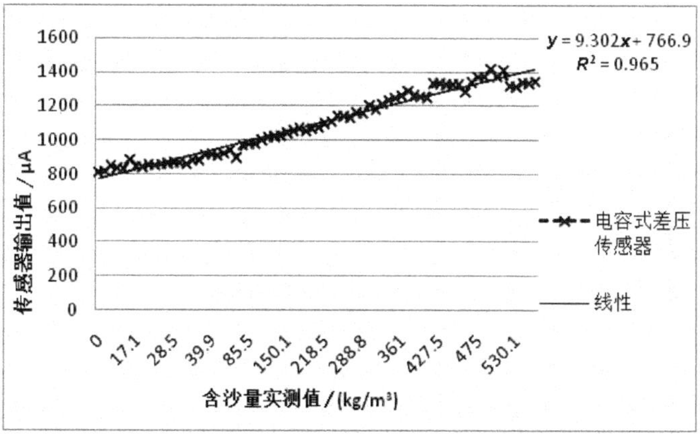

图 6.5 电容差压传感器

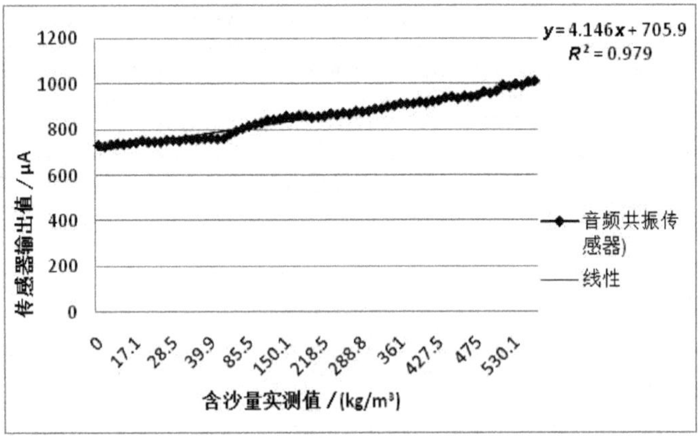

图 6.6 音频共振传感器

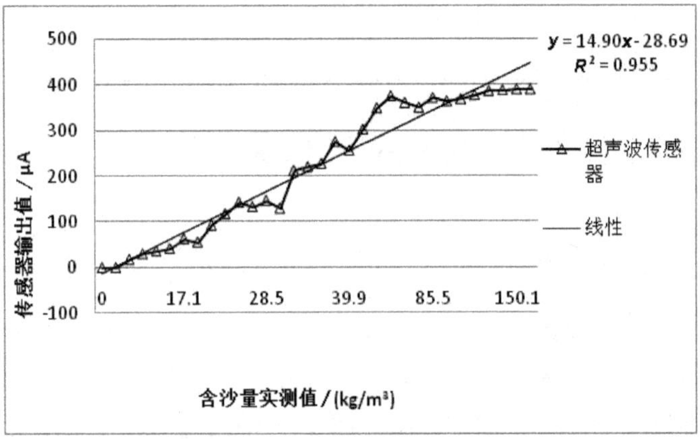

图 6.7 超声波传感器

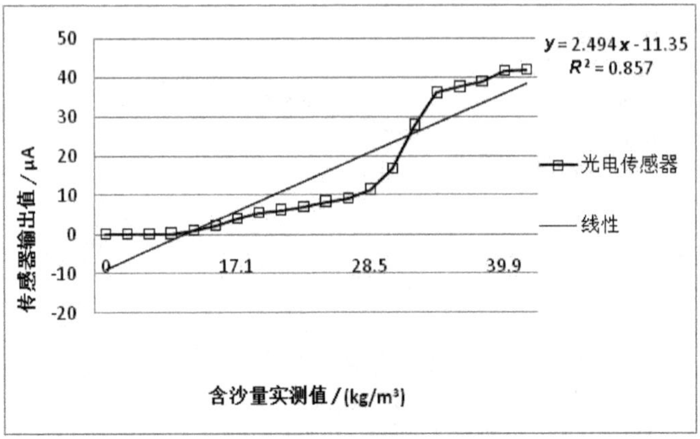

图 6.8 光电传感器

用一元高次回归方程标定各变量的权重值拟合出的效果更好，但拟合的一元高次方程复杂、不易实现。式（6.27）为拟合的一元一次回归方程，y 值表示加沙过程中含沙量信息通过各个传感器转换的电流值：

$$\left.\begin{aligned} y_1 &= 9.302x_1 + 766.9 \\ y_2 &= 4.146x_2 + 705.9 \\ y_3 &= 14.90x_3 - 28.69 \\ y_4 &= 2.494x_4 - 11.35 \end{aligned}\right\} \tag{6.27}$$

式（6.27）分别为电容式差压传感器（y_1）、音频共振传感器（y_2）、超声波传感器（y_3）和光电传感器（y_4）的拟合公式。把公式（6.27）分别作为各个含沙量传感器的反演公式，对表 6.1 中另外 35 组待检验数据进行测量，与实测值进行比较和误差分析，如图 6.9 所示。在 0～40kg/m^3 范围内，光电传感器的测量效果最好，其反演的 MeanAE 是 2.23kg/m^3，RMSE 是 0.8153kg/m^3，MaxAE 为 4.5488kg/m^3，MeanRE 为 0.0083kg/m^3。

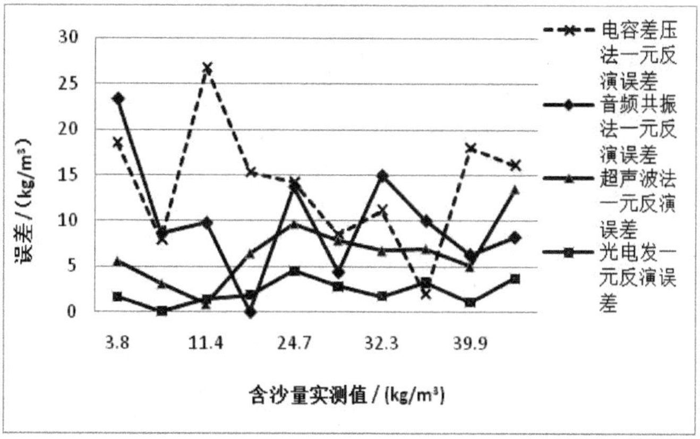

图 6.9　0～40kg/m^3 的一元线性回归误差分析

如图 6.10 所示，在 40～150kg/m^3 范围内，电容式传感器的测量效果较好，其反演的 MeanAE 是 7.2025kg/m^3，RMSE 是 2.0905kg/m^3，MaxAE 是 20.98kg/m^3，MeanRE 是 0.0044kg/m^3。

图 6.11 中，在 150～550kg/m^3 范围内，电容式传感器和音频共振传感器的测量效果相当，电容式传感器的 MeanRE 为 80.96kg/m^3，输出的稳定性稍差一些。

从图 6.12 可以看出，当不考虑温度等环境的影响时，检测的误差相对大，检测的精度和稳定性相对差一些。

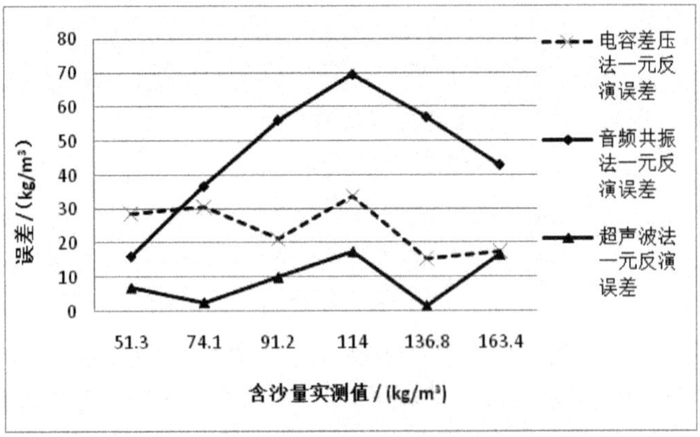

图 6.10　40～150kg/m^3 的一元线性回归误差分析

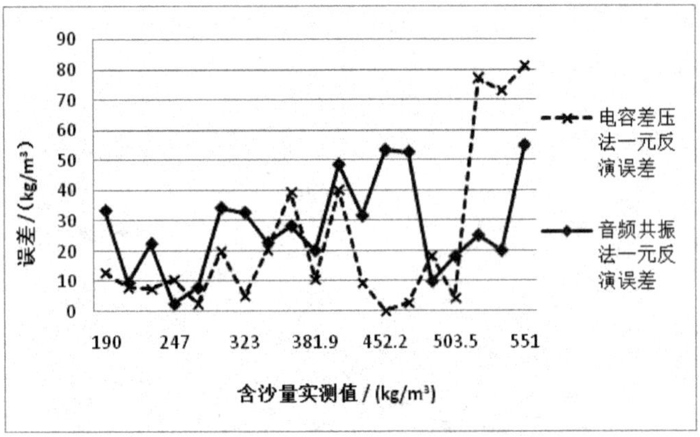

图 6.11　150～550kg/m^3 的一元线性回归误差分析

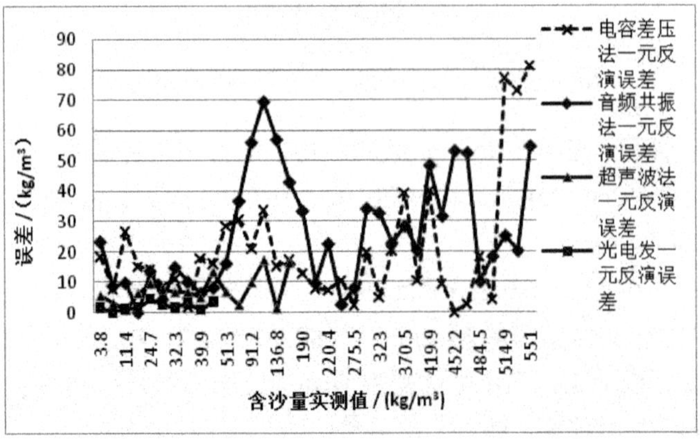

图 6.12　0～550kg/m^3 的一元线性回归误差分析

6.4.2 Wavelet 多源多尺度标量加权融合分析

为了进行比较，本书在相同的环境下还进行了基于 Wavelet 的多源多尺度分段加权融合分析。首先对各个传感器输出的数据进行卡尔曼滤波处理；然后对各个传感器传感器数据进行 Sym8 小波 10 层分解变换，获得各个传感器的多尺度信息值，并判断各个传感器的低频（趋势项）最优分解层；最后对各个最优趋势项进行标量分段加权融合，使得整体测量误差最小。

见表 6.2，当含沙量量程在 0～40kg/m^3 时，电容式差压传感器、音频共振传感器、超声波传感器和光电传感器的小波分解低频段都在第三层上是最优的；当含沙量量程在 0～150kg/m^3 时，电容式差压传感器和音频共振传感器在第二层上是最优的，超声波传感器在第四层上是最优的，光电传感器超出量程；当含沙量量程在 0～550kg/m^3 时，电容式差压传感器在第五层上是最优的，音频共振传感器在第五层上是最优的，超声波传感器和光电传感器都超出量程。

表 6.2　各个量程段的 Wavelet 最优低频层次分解

小波系数	0～40kg/m^3				0～150kg/m^3			0～550kg/m^3	
	电容差压法	音频共振法	超声波法	光电法	电容差压法	音频共振法	超声波法	电容差压法	音频共振法
*ca*1	6.6172	3.8072	1.9285	2.8962	6.4631	7.0143	16.9259	17.5712	25.5151
*ca*2	2.9749	2.8742	2.1219	4.0268	6.3125	5.3844	15.707	14.8969	25.4528
*ca*3	2.026	1.8661	1.9231	2.1528	7.3716	6.7321	13.5144	12.3813	26.5931
*ca*4	50.0673	29.1754	24.0974	23.1122	27.4407	13.6229	7.7512	14.1424	13.4457
*ca*5	25.0315	20.2893	26.8801	38.6785	128.9334	40.146	16.7034	12.9212	12.9679
*ca*6	124.5929	69.8442	55.9023	53.3218	210.7639	60.2397	24.7732	21.5451	19.7163

如图 6.13 所示，经过多尺度标量加权融合处理后，当含沙量量程在 0～40kg/m^3 时，得到 MeanAE 是 0.5036kg/m^3，RMSE 是 0.2052kg/m^3，MaxAE 是 1.3521kg/m^3，MeanRE 是 0.0016kg/m^3。

如图 6.15 和图 6.16 所示，经过多尺度标量加权融合处理后，当含沙量量程在 40～150kg/m^3 时，得到 MeanAE 是 5.4938kg/m^3，RMSE 是 1.5309kg/m^3，MaxAE 是 12.1893kg/m^3，MeanRE 是 0.0042kg/m^3。

如图 6.17 和图 6.18 所示，在含沙量量程在 0～550kg/m^3 时，得到 MeanAE 是 7.7724kg/m^3，经过多尺度标量加权融合处理后，RMSE 是 1.6883kg/m^3，MaxAE 是 25.7045kg/m^3，MeanRE 是 0.000395kg/m^3。整体上的融合效果比直接采用多元线性拟合更好，这表明多尺度标量加权融合的处理效果更好，更能够考虑不同的环境因素影响。

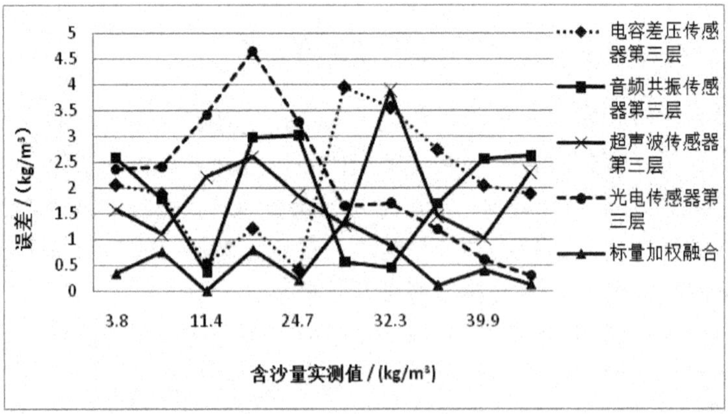

图 6.13　0～40kg/m^3 多尺度融合的误差分析

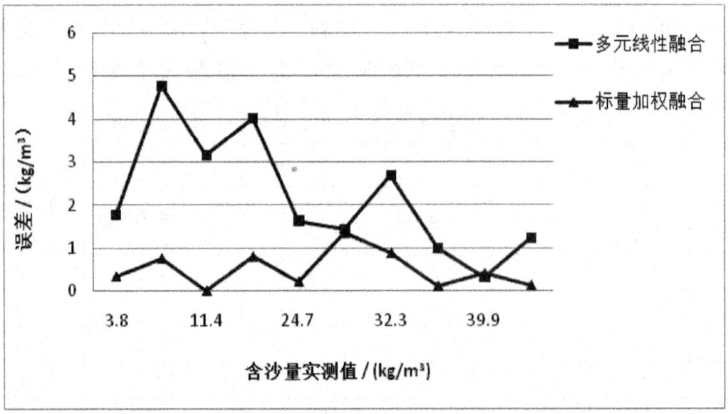

图 6.14　0～40kg/m^3 多元线性和多尺度融合的误差分析

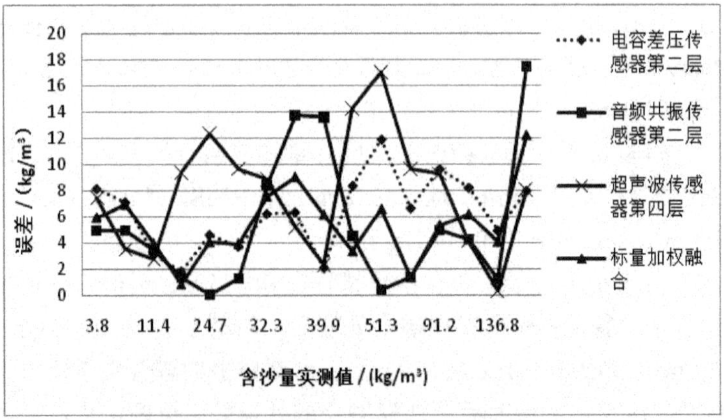

图 6.15　40～150kg/m^3 多尺度融合的误差分析

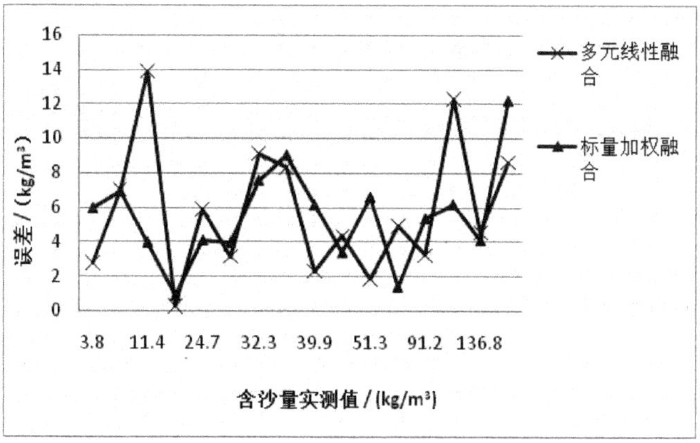

图 6.16　40～150kg/m³ 多元线性和多尺度融合的误差分析

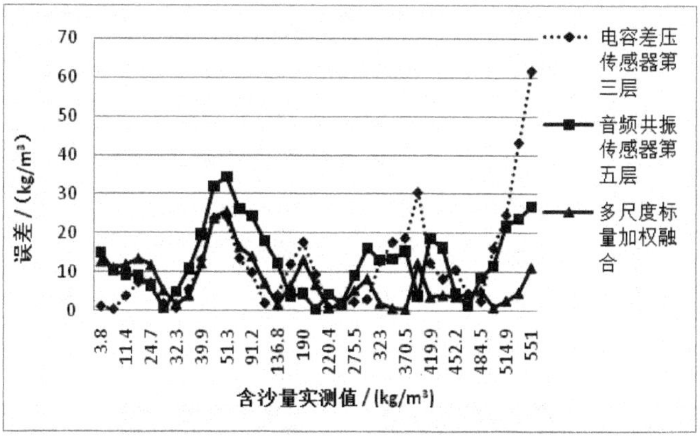

图 6.17　150～550kg/m³ 多尺度融合的误差分析

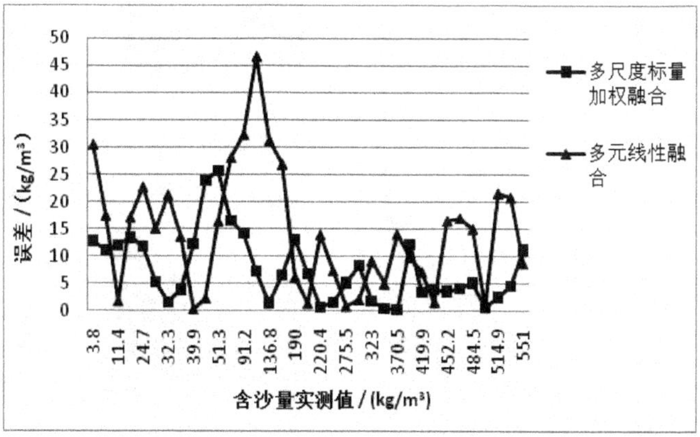

图 6.18　150～550kg/m³ 多元线性和多尺度融合误差分析

6.4.3 Curvelet 多源多尺度融合分析

基于 Curvelet 变换的多源多尺度数据融合分析算法，首先将每个传感器的含沙量信息值组成二维图像信息，图像的水平轴（x 轴）信息由传感器的温度值决定；纵轴（y 轴）信息由传感器的含沙量信息值决定，并采用线性插值的方法生成各个传感器的含沙量信息图。和单一的含沙量传感器相比，此图像信息还包含温度等环境量信息。然后将每幅图像经过 Curvelet 变换，得出图像不同的卡通（趋势）信息和纹理（细节）信息；最后将每幅图像的纹理信息取最大值，经过逆变换后得到融合后的含沙量信息图。Curvelet 多源多尺度数据融合算法应用了快速变换函数 fdct_wrapping 和反变换函数 ifdct_wrapping，在 MATLAB 中 Curvelet 变换后返回的是一个 cell 矩阵。cell 矩阵装有各个尺度 j、各个方向 l 的系数值。

利用 Curvelet 变换的方向性和多尺度性质，可以很直观地观测出温度等环境因素对含沙量测量的影响。图 6.19 为量程在 0～40kg/m^3 的传感器成像及不同尺度的融合重构图。在此量程中，电容差压法、音频共振法、超声波法和光电法都可进行融合处理。四个传感器随温度变化成像的内部纹理图如图 6.19 的（a）、（b）、（c）、（d）所示。图 6.19 的（e）、（f）、（g）、（h）分别为四个传感器用 Curvelet 逆变换融合在一起的一尺度、二尺度、三尺度和四尺度的重构图。可以看出，随着尺度的增加，重构图的内部纹理也越来越复杂。其中，一尺度融合后的重构图纹理简单清晰。

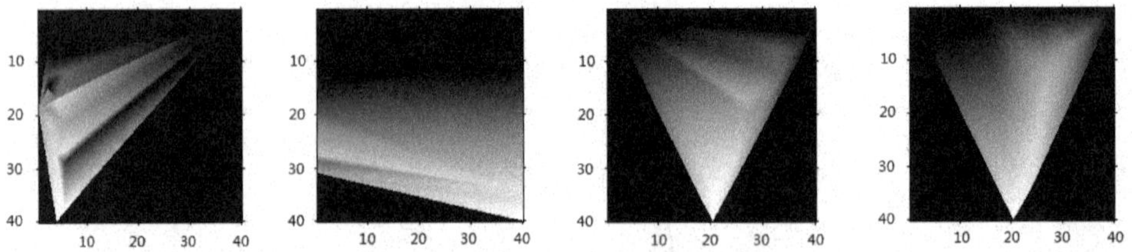

（a）电容差压法　（b）音频共振法　（c）超声波法　（d）光电法

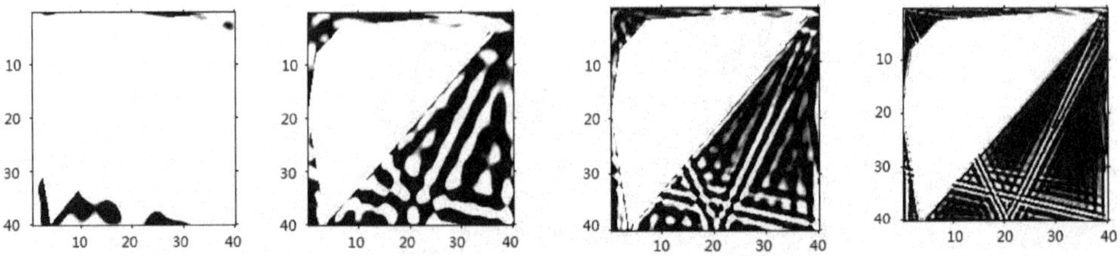

（e）一尺度融合图　（f）二尺度融合图　（g）三尺度融合图　（h）四尺度融合图

图 6.19　0～40kg/m^3 的传感器成像及不同尺度的融合重构图

同理，图 6.20 为量程在 0～150kg/m^3 的传感器成像及不同尺度的融合重构图。此时光电法传感器已经超出量程，电容差压法、音频共振法和超声波法传感器融合后的一尺度和二尺度的重构图纹理简单。

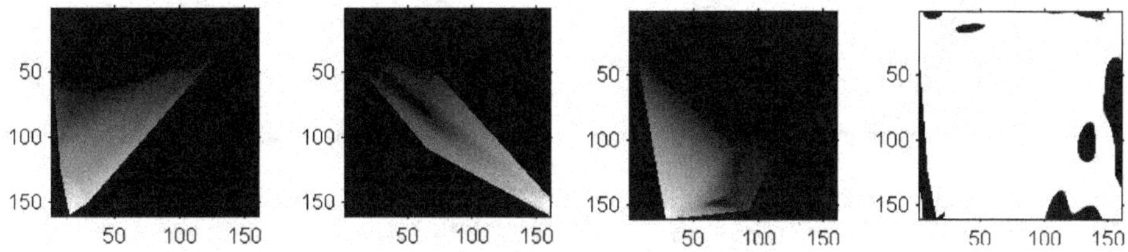

（a）电容差压法　（b）音频共振法　（c）超声波法　（d）一尺度融合图

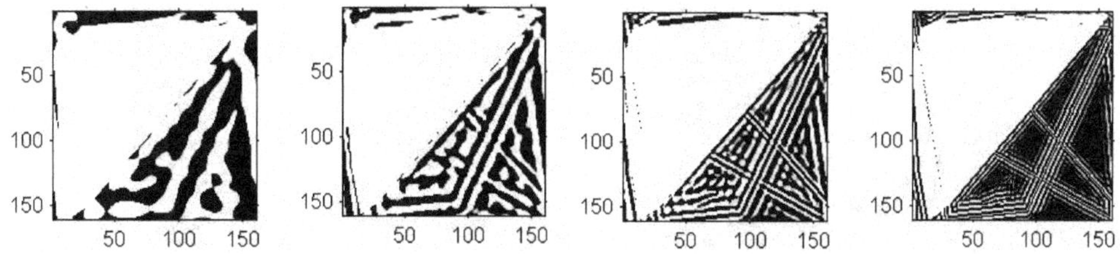

（e）二尺度融合图　（f）三尺度融合图　（g）四尺度融合图　（h）五尺度融合图

图 6.20　0～150kg/m^3 的传感器成像及不同尺度的融合重构图

图 6.21 为量程为 0～550kg/m^3 的传感器成像及不同尺度的融合重构图。此时电容差压法和音频共振法含沙量传感器可以使用，其融合后的一尺度和二尺度的重构图纹理也比较简单。

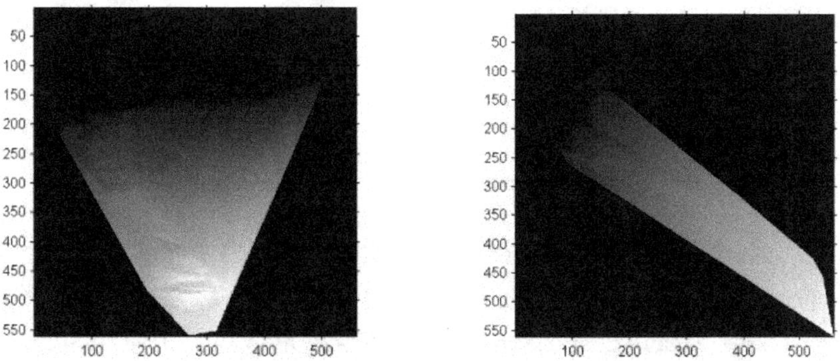

（a）电容差压法　（b）音频共振法

图 6.21　0～550kg/m^3 的传感器成像及不同尺度的融合重构图

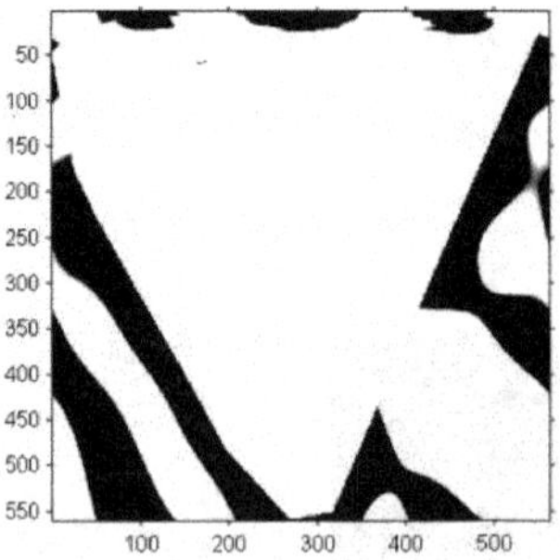

（c）一尺度融合图

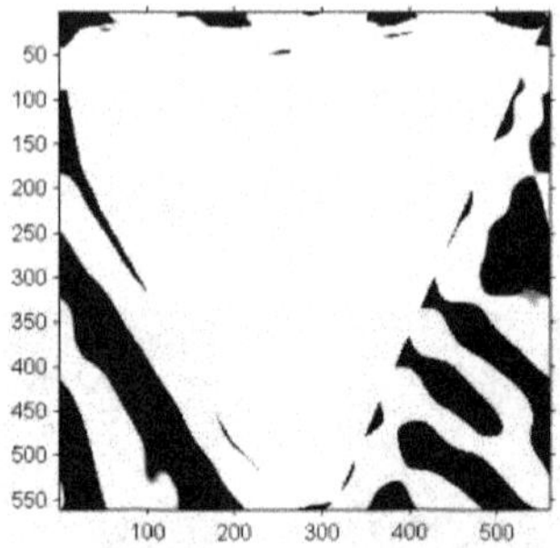

（d）二尺度融合图

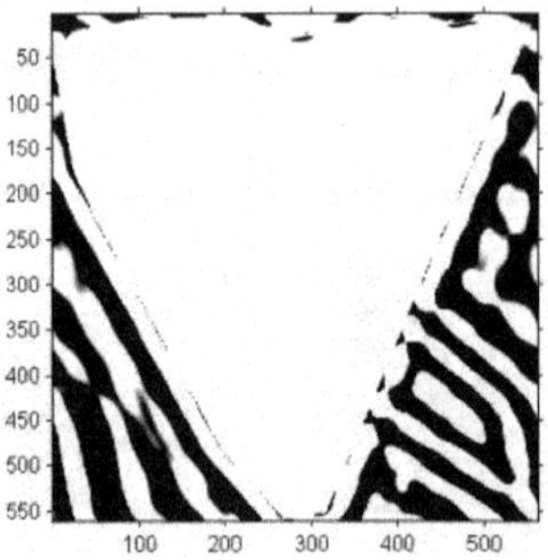

（e）三尺度融合图

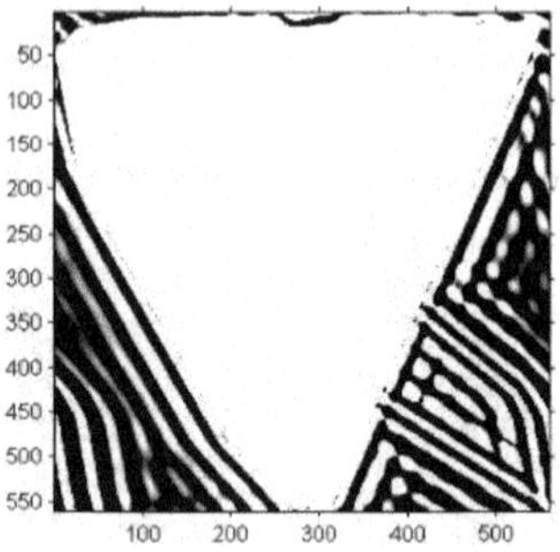

（f）四尺度融合图

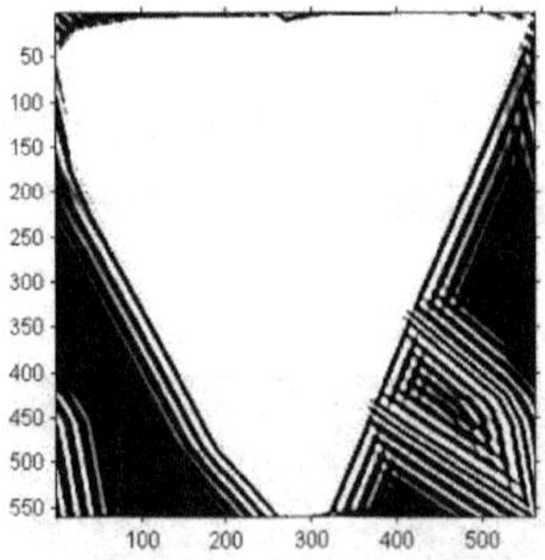

（g）五尺度融合图

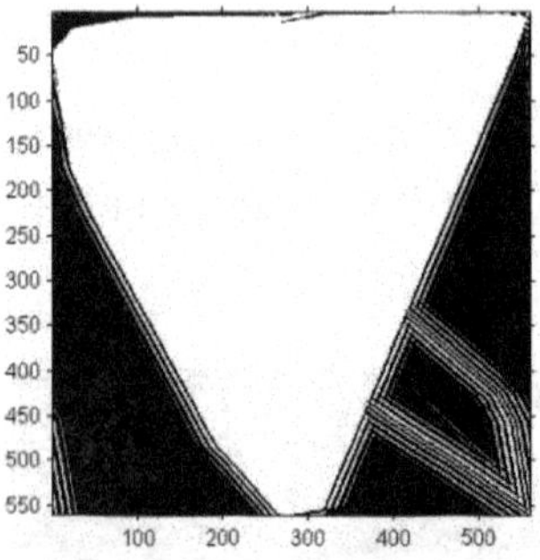

（h）六尺度融合图

图 6.21　0～550kg/m^3 的传感器成像及不同尺度的融合重构图（续图）

表 6.3 为各个量程段的 Curvelet 最优层次分解。从表中可以看出，经过基于 Curvelet 的融合算法反演后，整体的最优尺度都为第一尺度。在含沙量量程在 0～40kg/m^3 时，得到 MeanAE 是 2.8963kg/m^3；在含沙量量程在 0～150kg/m^3 时，得到 MeanAE 是 15.6273kg/m^3；在含沙量量程在 0～550kg/m^3 时，得到 MeanAE 是 78.4173kg/m^3。

表 6.3 各个量程段的 Curvelet 最优层次分解

Curvelet 系数	0～40kg/m³			0～150kg/m³			0～550kg/m³		
	MeanAE	RMSE	MaxAE	MeanAE	RMSE	MaxAE	MeanAE	RMSE	MaxAE
j=1	2.8963	0.823	8.7888	15.6273	3.4001	48.2015	78.4173	11.8608	175.9558
j=2	17.0355	4.1245	28.3411	36.7912	7.6572	92.6834	110.816	15.7713	209.9311
j=3	17.4019	4.2094	27.8413	34.8367	7.4998	88.2129	110.6022	15.5251	205.653
j=4	17.186	4.2531	28.6363	34.6739	7.6061	94.3526	111.4346	15.5593	206.9236
j=5	17.2591	4.28	28.6629	35.4781	7.6636	93.1277	112.203	15.6347	205.0311
j=6	—	—	—	—	—	—	112.022	15.6318	204.8506

与 Wavelet 融合相比较，Curvelet 的融合算法反演的误差较大，且输出结果的稳定性也较差，特别是在含沙量高的量程范围。因此，本章利用 Curvelet 的第一层的方向信息，提取出温度变化的细节，然后结合 Wavelet 趋势项的卡通信息，得出融合后的含沙量测量结果。

6.4.4 Wavelet-Curvelet 多源多尺度融合分析

本书提出的 Wavelet-Curvelet 多源多尺度融合算法是在基于 Wavelet 多尺度变换得出含沙量信息趋势项的基础上，再结合 Curvelet 的方向性分析进行测量结果修正，最后联合得出多源多尺度融合处理的测量结果。图 6.22 为各个量程的 Wavelet-Curvelet 误差分析以及和实际测量值的比较。

表 6.4 列出了各个量程段的 Wavelet-Curvelet 的误差分析。可以看出，Wavelet-Curvelet 多源多尺度融合算法的误差最小，含沙量量程在 0～40kg/m³ 时，得到 MeanAE 是 0.502kg/m³；含沙量量程在 0～150kg/m³ 时，得到 MeanAE 是 2.7481kg/m³；含沙量量程在 0～550kg/m³ 时，得到 MeanAE 是 6.5134kg/m³。

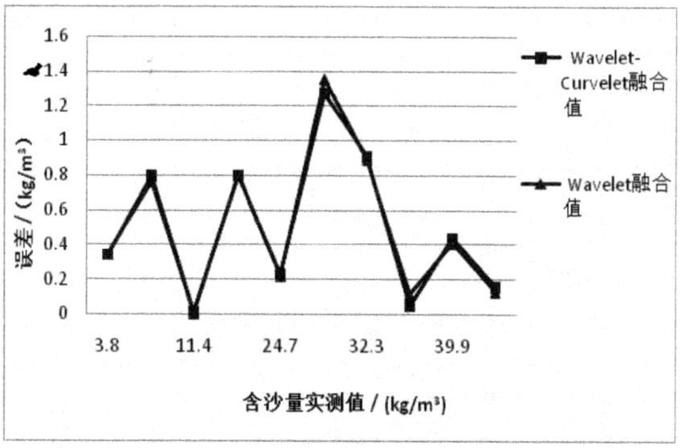

（a）0～40 kg/m³ 量程的 Wavelet-Curvelet 误差

图 6.22 各个量程的 Wavelet-Curvelet 误差分析（续图）

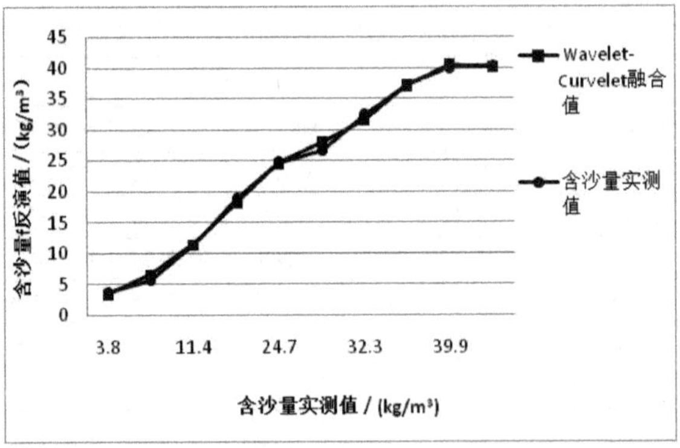

（b）0～40 kg/m^3 量程的 Wavelet-Curvelet 测量值

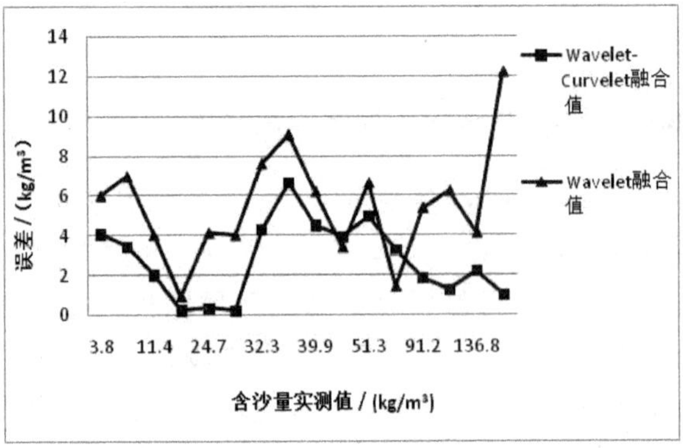

（c）0～150 kg/m^3 量程的 Wavelet-Curvelet 误差

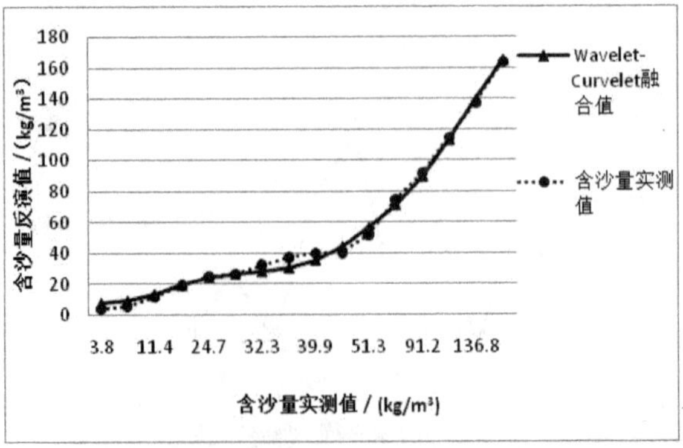

（d）0～550 kg/m^3 量程的 Wavelet-Curvelet 测量值

图 6.22 各个量程的 Wavelet-Curvelet 误差分析（续图）

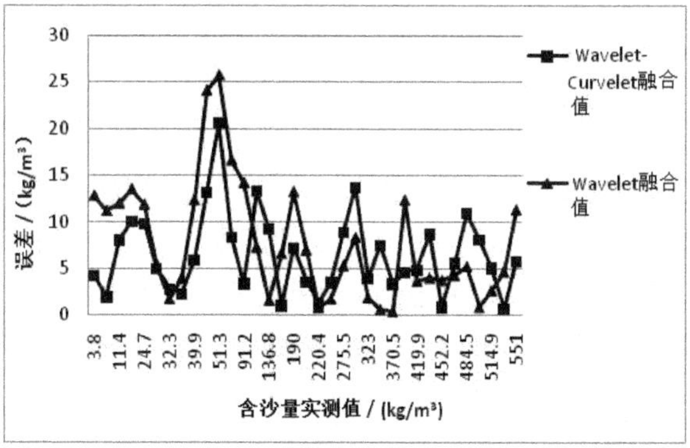

（e）0～550 kg/m^3 量程的 Wavelet-Curvelet 误差

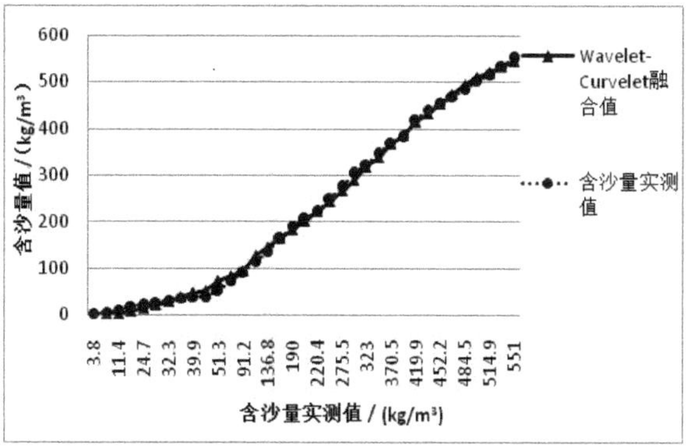

（f）0～550 kg/m^3 量程的 Wavelet-Curvelet 测量值

图 6.22 各个量程的 Wavelet-Curvelet 误差分析（续图）

从图 6.22 和表 6.4 可以看出，Wavelet-Curvelet 能融合含沙量多源信息，减小了环境因素带来的动态测量误差，因此融合效果最理想，从而提高了系统的测量精度。

表 6.4 各个量程段的 Wavelet-Curvelet 的误差分析

	0～40kg/m^3			0～150kg/m^3			0～550kg/m^3		
	MeanAE	RMSE	MaxAE	MeanAE	RMSE	MaxAE	MeanAE	RMSE	MaxAE
Wavelet-Curvelet	0.502	0.2026	1.2702	2.7481	0.8269	6.605	6.5134	1.3205	20.6194
Wavelet	0.5036	0.2052	1.3521	5.4938	1.5309	12.1893	7.7724	1.6883	25.7045
Curvelet	2.8963	0.823	8.7888	15.6273	3.4001	48.2015	78.4173	11.8608	175.9558
多元回归	1.0054	0.3970	2.3623	5.7971	1.7202	13.8909	14.4904	3.0704	46.8083

6.5 本章小结

本章进行了含沙量多源多尺度融合模型研究，重点研究了基于 Wavelet-Curvelet 的多源多尺度的最优融合问题。首先对含沙量多源信息时间序列进行了分析，建立了基于 Wavelet-Curvelet 的多源多尺度融合模型。本书提出的 Wavelet-Curvelet 多源多尺度融合算法是在基于 Wavelet 多尺度变换得出含沙量信息趋势项的基础上，结合 Curvelet 的方向性分析进行测量结果修正，最后联合得出多源多尺度融合处理的测量结果。从各个量程的实验结果和误差分析中可以看出，基于 Wavelet-Curvelet 的融合算法能多尺度融合各个含沙量传感器的信息，并能考虑环境温度的影响，获得较好的效果。

第 7 章　基于多模型融合的含沙量测量研究

由于黄河流域环境的多样性，使得基于单模型的含沙量测量模型算法不能较好地适应高含沙在线检测的需要，于是基于多模型的在线检测算法得到了极大关注。早在 1965 年，Magill 提出了多模型方法的思想[218]；在 1973 年，R.J.Mc Aulay 又对其作了修正。多模型算法在同一时刻使用多个模型来刻画机动目标运动状态，从而将机动目标在线检测看成一个混合估计问题[219]。

本章针对黄河含沙量测量易受环境因素影响而导致测量结果不准确的问题，提出了基于 Kalman-BP 的协同融合模型，将含沙量传感器和水温、深度、流速等传感器输出值经过卡尔曼滤波器进行滤波处理，并对含沙量传感器进行估值；然后经 BP 神经网络模型对含沙量信息的估计值和环境量信息值进行多传感器数据融合；最后建立了含沙量测量的反演模型。本章还进行了一元线性回归模型、多元线性回归模型、曲面拟合法、基于物联网的多传感器数据融合、基于 RBF 径向基神经网络融合方法和基于云计算的分布式灰色 GM(1,N)数据融合技术的含沙量数据处理模型，并进行了误差分析比较。实验结果表明，基于多模型融合方法的含沙量测量误差较小，提高了高悬浮含沙量在线测量系统的精度。

7.1　基于 Kalman-BP 协同融合模型的含沙量测量

7.1.1　Kalman-BP 协同融合模型应用背景

黄河含沙量测量对黄河的泥沙科学研究和治理有重要意义[220]。传统的含沙量测量采用取样称重的方法，但其操作烦琐、劳动强度大，根本无法满足现代人们快速获取数据的要求。采用现代电子技术的黄河含沙量检测方法有 γ 射线法、超声法、激光法、电容法、振动筒法等[221]。用这些具有现代检测技术的电子仪器检测黄河含沙量更方便快捷，同时也实现了快速在线检测的要求。

然而，这些具有现代检测技术的含沙量传感器在实际应用中存在各自的局限性。由于电子仪器都是采用电信号进行信息的传输，而且传感器的感知部位直接放到水体内部。因此，水体的环境因素就会直接对传感器造成影响，存在一定的噪声干扰；另外，含沙量的检测也受到黄河水体的流速和测点深度等因素的影响，引起含沙量传感器的非线性输入/输出特性，导致整个测量系统工作不稳定[222]。

卡尔曼滤波是一个根据原始数据不断预测新数据，并且不断校正的滤波过程，可以有效避免传感器测量值突变的情况，减少环境因素的噪声干扰。BP 神经网络具有较好的非线性映射能力，能够解决非线性逼近问题[223]。因此，本文提出基于卡尔曼和 BP 神经网络的协同处理模型，将含沙量和水温、深度、流速等传感器的输出值经过卡尔曼滤波器进行滤波处理，并对含沙量传感器进行估值；再经 BP 神经网络模型对含沙量信息估计值和环境量信息进行多传感器数据融合，来建立含沙量测量的 Kalman-BP 协同融合模型。

7.1.2 信息采集感知层设计

由于单片机具有使用方便、性价比高、设计方便等特点，系统选用了 AT89S51 单片机作为控制器，实现数据采集和控制功能。模拟/数字转换（A/D）芯片采用 ADS1110。ADS1110 是一种可连续自校准的串行 A/D 转换器，具有 16 位分辨率。信号采集部分分为主测点电路设计和从测点电路设计。主测点可以测量含沙量、深度、流速和水温等信息；从测点可以只采集其中一种或者几种信息。主测点和从测点通过射频识别技术进行无线通信。含沙量、深度、流速和水温等传感器可通过八通道模拟开关和 ADS1110 实现多路模拟量循环采集。信号采集模块电路设计如图 7.1 所示。

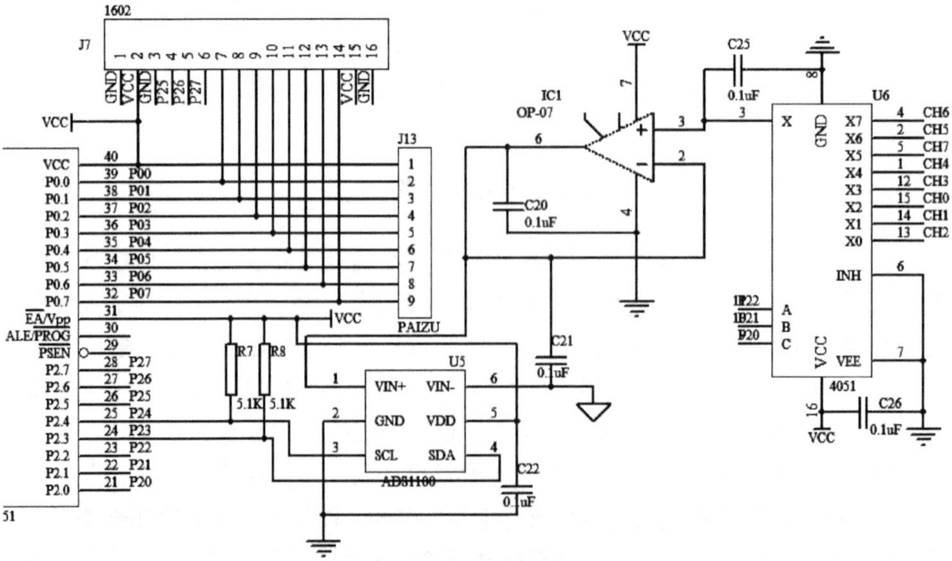

图 7.1 信号采集模块设计图

为了测出测点的深度，系统选择了磁致压力传感器。其通过感受水的压力来感受测点深度，量程可达 0～170m。本系统采用的流速仪是螺旋桨流速仪，温度传感器是电阻式温度传感器 PT100。由于流速、深度、水温等传感器的输出可选为 0～5V 的电压信号或 4～20mA 的电流信号。当传感器输出为 4～20mA 的电流信号时，分别接高精度电阻转为电压信号。传感器与 AD 连接电路设计如图 7.2 所示。

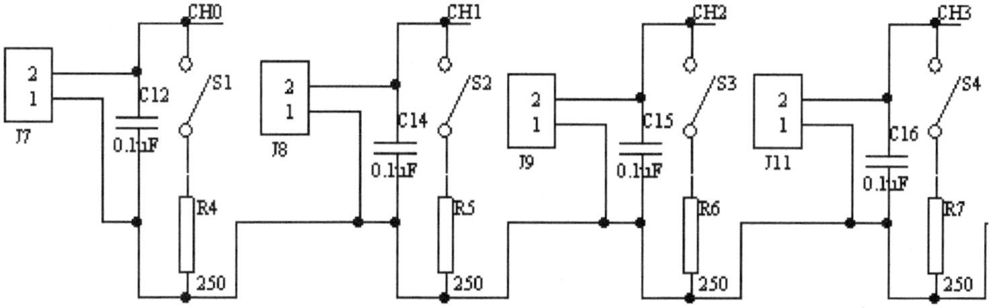

图 7.2　传感器与 AD 连接电路设计图

本系统的信息量有水体的含沙量信息及环境信息。环境信息有水体温度、深度、流速等。各个测量子节点根据具体需求可设置不同的测量对象（各测点需有含沙量检测传感器），通过 ZigBee 无线传输至测量总节点，在测量总节点显示测量值；然后由 ZigBee 的数据网关（Gateway）负责双工通信，将采集的数据传输到 ZigBee 网；最后通过基于 ZigBee 的无线网络实时向测量中心发送信息，在测量中心进行数据实时处理和显示，也可由 Internet 互联网进行 Web 浏览和远程检测。本系统由多传感器信息采集单元、AD 模块、单片机处理 MCU 模块、无线 ZigBee 网络部分和电源模块等组成。基于物联网架构的高悬浮含沙量分布式检测系统如图 7.3 所示。

7.1.3　Kalman-BP 协同融合模型设计

卡尔曼滤波是一个最优化自回归数据处理算法，它是利用前一个估计值和当前的一个观测值来估计当前值。常用的线性离散系统的卡尔曼滤波模型可以用下面两个公式表示[224]：

$$X(k+1)=\boldsymbol{\Phi}(k+1)X(k)+\boldsymbol{\Gamma}(k+1,k)W(k) \tag{7.1}$$

$$Z(k)=\boldsymbol{H}(k)X(k)+V(k) \tag{7.2}$$

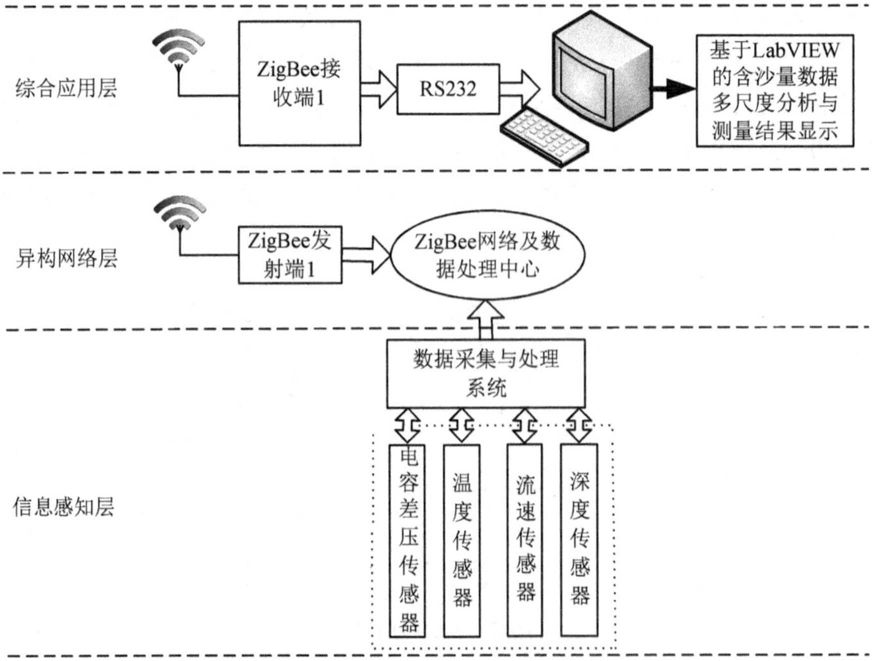

图 7.3 基于物联网的含沙量在线检测平台

在上述线性离散系统中，不考虑控制信号的作用式（7.1）是系统的状态方程，式（7.2）是观测方程。$W(k)$和 $V(k)$都是零均值的白噪声序列，且两者相互独立，其统计特性为：

$$\mathrm{Cov}\{W(\mathrm{k}),W(j)\}=Q_k\delta_{kj} \tag{7.3}$$

$$\mathrm{Cov}\{V(\mathrm{k}),V(j)\}=R_k\delta_{kj} \tag{7.4}$$

线性离散系统的卡尔曼最优滤波问题可简述为：给出观测序列 $Z(0),Z(1),\ldots,Z(k+1)$，要求找出 $X(k+1)$的最优线性估计 $\hat{X}(k+1|k+1)$，使得估计误差式（7.5）的方差最小，也即：

$$\tilde{X}(k+1|k+1)=X(k+1)-\hat{X}(k+1|k+1) \tag{7.5}$$

$X(k+1)$的估计要求是无偏的。式（7.6）至式（7.10）解决了方差最小的问题，实现了卡尔曼最优滤波。

$$\hat{X}(k|k)=\hat{X}(k|k-1)+K(k)[Z(k)-\boldsymbol{H}(k)\hat{X}(k|k-1)] \tag{7.6}$$

$$\hat{X}(k|k-1)=\boldsymbol{\Phi}(k,k-1)\hat{X}(k-1|k-1) \tag{7.7}$$

$$K(k)=P(k|k-1)\boldsymbol{H}^{\mathrm{T}}(k)[\boldsymbol{H}(K)P(k|k-1)\boldsymbol{H}^{\mathrm{T}}(k)+R_k] \tag{7.8}$$

$$P(k|k-1)=\boldsymbol{\Phi}(k,k-1)P(k-1|k-1)\boldsymbol{\Phi}^{\mathrm{T}}(k,k-1) \\ +\boldsymbol{\Gamma}(k,k-1)\boldsymbol{Q}_{k-1}\boldsymbol{\Gamma}^{\mathrm{T}}(k,k-1) \tag{7.9}$$

$$P(k|k)=[I-K(k)\boldsymbol{H}(k)]P(k|k-1)[I-K(k)H(k)]^{\mathrm{T}}+K(k)R_kK(k)^{\mathrm{T}} \tag{7.10}$$

卡尔曼滤波的整个计算流程分为两部分，一是滤波器的计算流程，二是滤波器增益的递推计算流程。需要注意的是，整个计算过程中 $K(k)$的计算需要提前设定 $P(0|0)$和 $\hat{X}(0|0)$ 初值。

神经网络是对生物神经网络的抽象和建模，具有自适应、自组织、自学习的特点。通过有监督或者无监督的学习，实现与大脑相似的学习、识别、记忆等信息处理的能力，BP 神经网络是最常用的一种神经网络[225]。理论上已经证明：具有偏差和至少一个 S 型隐含层加上一个线性输出层的网络，能够逼近任何有理函数。BP 神经网络模型如图 7.4 所示。

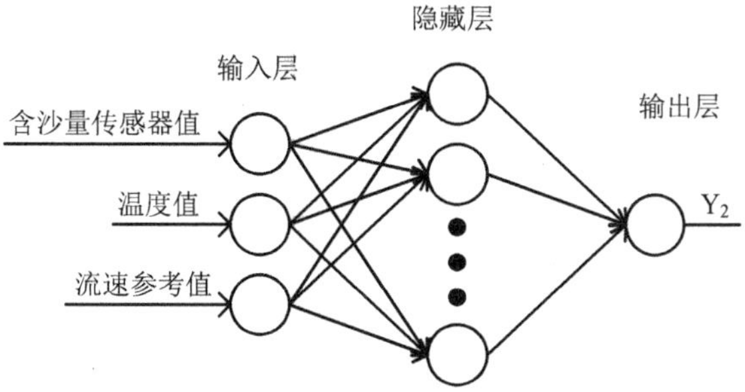

图 7.4　BP 神经网络模型

为实现对非线性函数的逼近，隐含层采用 S 函数，输出层采用线性函数。网络建立以后开始网络的训练学习，调节网络中的权重系数，使训练的输出数据能够较好地逼近真实数据。具体训练方法采用 Newton 下降方向计算，将训练数据输入训练网络，使用递归算法从输出层开始逆向传播误差，不断调整权重系数，使训练后输出的值与样本理想输出值的误差达到或小于规定的误差，就完成了网络的训练过程[226]。

Kalman-BP 协同融合模型由卡尔曼滤波器和 BP 神经网络组成，如图 7.5 所示是模型的结构图。传感器输出值通过卡尔曼滤波器的入口 $Z(k)$进入模型，最终从 BP 神经网络的输出端 Y2 输出。经卡尔曼滤波器处理后的序列估计值作为 BP 神经网络的一个输入神经元，对神经网络训练、检测实现优化处理数据的效果。

含沙量传感器测量值经过卡尔曼滤波器作为神经网络的一个主要输入神经元，BP 神经网络非线性映射可用下式描述：

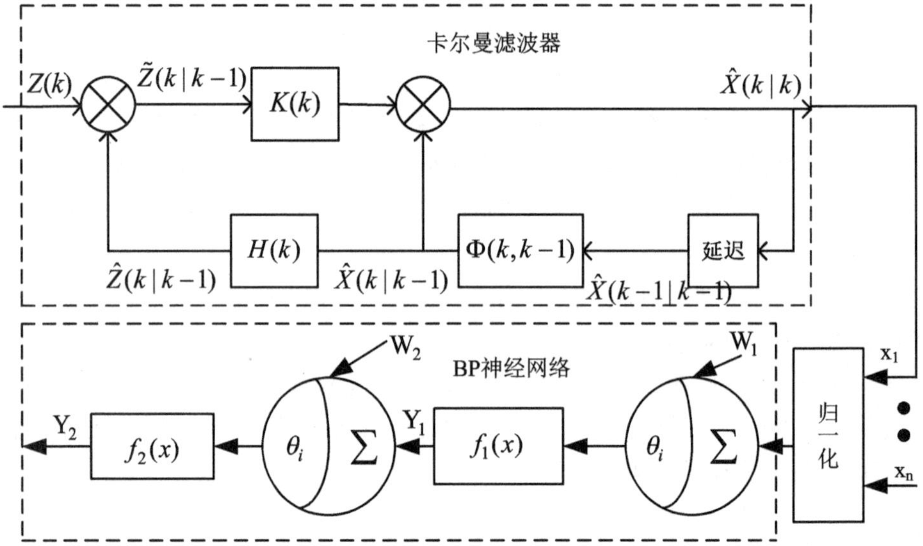

图 7.5 Kalman-BP 神经网络模型

$$Y_1 = f_1(\sum W_1 x_i - \theta_1) \tag{7.11}$$

$$Y_2 = f_2(\sum W_2 Y_1 - \theta_2) \tag{7.12}$$

式中：f_1、f_2 是网络传递函数；W_1、W_2 是神经元权重系数矩阵；θ 是神经元阈值。

7.1.4 Kalman-BP 协同融合误差分析

依据在黄河模型试验中获取的数据，首先采用 Kalman-BP 协同融合模型对传感器输出数据进行优化处理，然后对比一元线性回归和多元线性回归效果，分析误差大小。

第一步，试验选取传感器在某段时间内采集到的 2300 个数据作为滤波对象。线性卡尔曼滤波系统适用于单输入单输出的序列的滤波，并能取得较好效果[227]。

如图 7.6 所示是对稳定性较差含沙量传感器输出值的滤波效果图，图中只截选了部分数据的滤波结果。传感器输出值的单位为 LSB·V（伏特），其中本文中采样精度误差 $1LSB=3.3/2^{12}$。从图中可以看出，在含沙量不断递增的过程中，传感器的输出值具有明显的不规律性波动现象。而滤波输出的估计值一方面表征了传感器的最优输出值；另一方面大大减小了传感器的波动范围，提高了含沙量传感器的稳定性，整体滤波的效果良好。

第二步，BP 神经网络的训练和检测。在试验中发现，传感器的输出值与实际值（比重瓶秤取、转换后的含沙量值）不具有很好的线性关系，并受环境因素的影响。BP 神经网络具有较好的非线性映射能力，因此采用 BP 神经网络对数据作进一步处理。

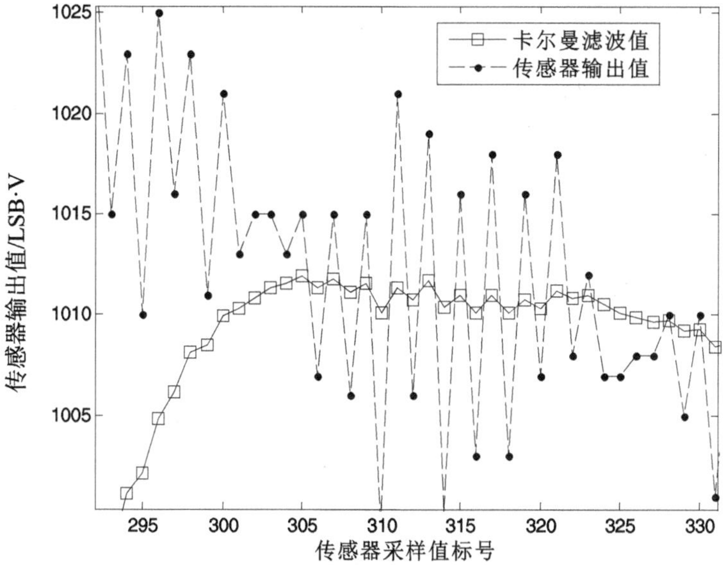

图 7.6　卡尔曼滤波效果

设定网络输入神经元数目为 3，即 $X=(x_1,x_2,x_3)$。其中 x_1 代表传感器值；x_2 代表温度值；x_3 代表流速参考值。根据经验，BP 神经网络隐藏层神经元数目是输入神经元数目的 2 倍加 1，即隐藏层神经元数目设置为 7 个。从滤波后的实验样本中选择 276 组典型样本作为网络训练，选择 24 组样本用于检验网络的训练效果。

由于输入样本当中存在奇异值样本（x_1 的值和 x_2 的值最大相差 3 个数量级）奇异值样本会使网络训练时间增加，并且可能使网络无法收敛。因此在对网络进行训练时，有必要对数据进行归一化处理，使要训练的数据归一化到区间[-1,1]。

经过 276 组典型样本训练后的网络需要通过输入一些样本进行检测，从而判断网络的训练效果。如图 7.7 所示是 24 组检测样本通过网络的输出值，可以看出绝大多数的值都与实际值接近，说明建立的 BP 神经网络模型对于映射含沙量值是有效的。

为了说明 Kalman-BP 协同融合模型在测量含沙量上的应用可行性，对比一元和多元线性回归效果，分析各自误差大小。如图 7.8 所示是传感器输出值和含沙量实际值的线性回归效果图。

含沙量的多元线性回归数据融合，因变量较一元线性回归增加了温度和水的

流速（参考值）。通过计算得多元回归方程式为

$$y = -712.3941 + 0.7626x_1 + 47.9715x_2 - 31.6923x_3 \tag{7.13}$$

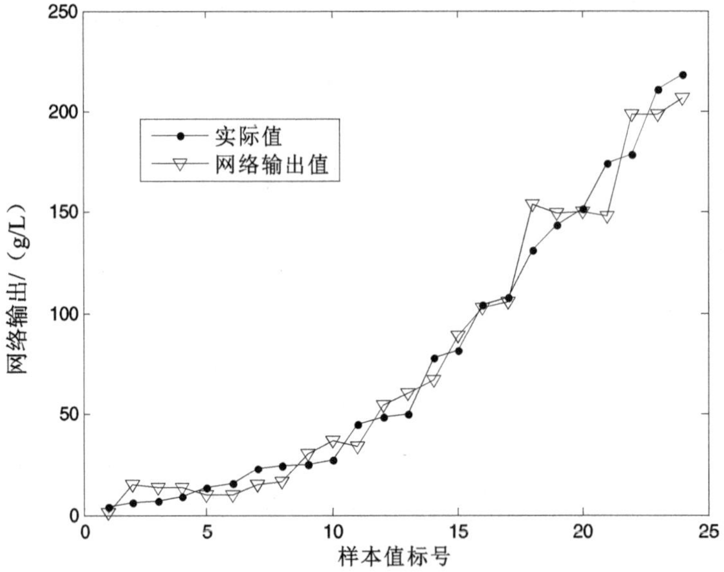

图 7.7　BP 神经网络训练效果图

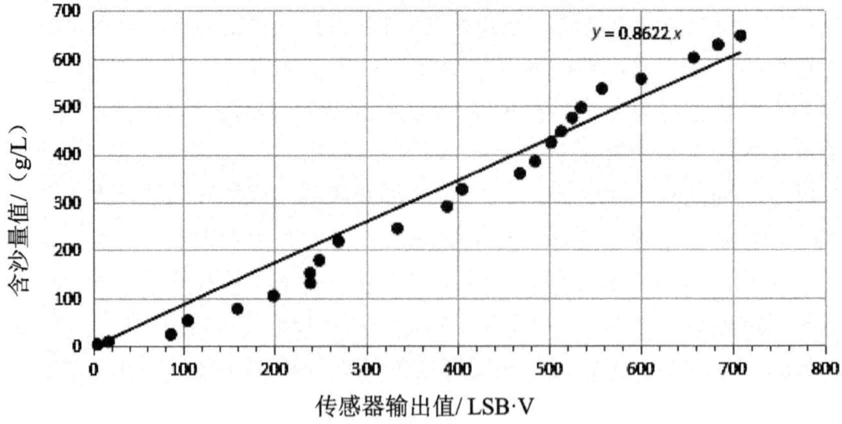

图 7.8　一元线性回归效果图

如图 7.9 所示是两种回归算法数据融合效果对比图，从图中可以看出，多元线性回归产生的相对误差略小于一元线性回归数据融合。

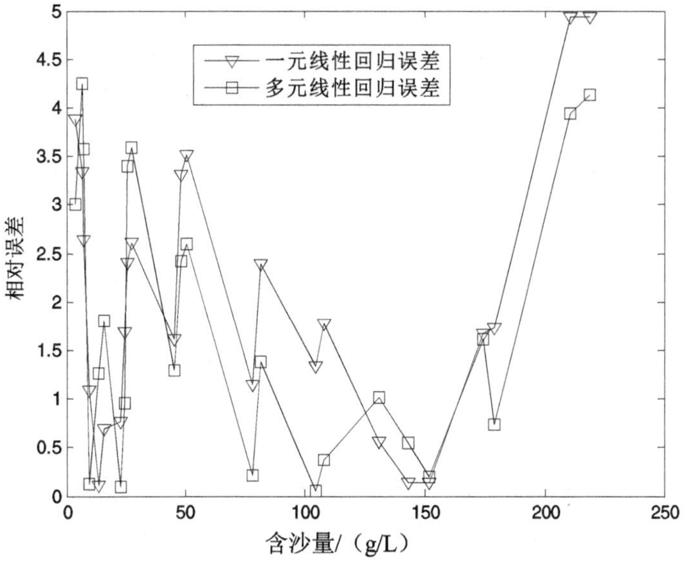

图 7.9　两种回归算法数据融合效果对比图

针对上述三种数据处理方式作误差分析，如图 7.10 所示。一元和多元线性回归算法误差较大，单次测量误差最大值超过±4kg/m^3。而 Kalman-BP 协同融合模型单次测量误差最大值不超过±2kg/m^3，并且随着含沙量的增加，一元和多元线性回归算法表现出误差递增的趋势，这也说明本文提出的 Kalman-BP 协同融合模型在含沙较高时具有明显优势。

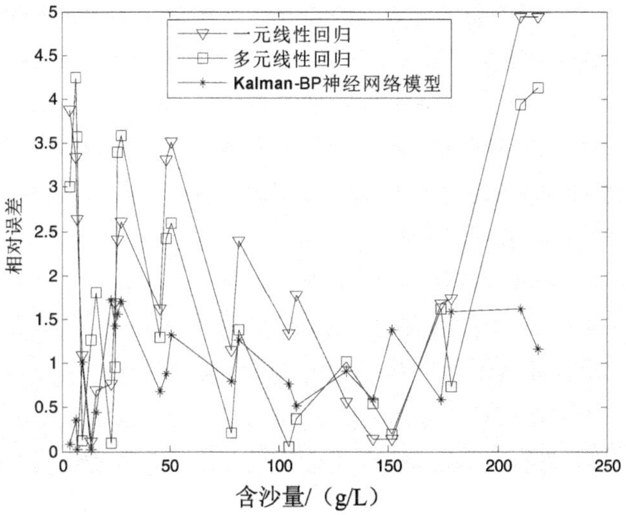

图 7.10　误差对比结果

本节将卡尔曼滤波算法和 BP 神经网络结合，对含沙量传感器输出值进行数据处理。对比一元线性回归模型和多元线性回归模型的数据处理效果，分析三种算法的相对误差。实验表明，Kalman-BP 算法优于其他两种算法。

7.2 基于曲面拟合法的含沙量检测数据融合技术

在众多数据融合方法中，最简单、最直观的是回归分析方法，其基本思想是由多维回归方程建立被测目标参量与传感器输出量之间的对应关系。而经典传感器的输入与输出关系是由一维回归方程来描述的。与经典传感器一维实验标定和校准不同的是要进行多维标定和校准实验；然后按最小二乘法原理，由实验标定和校准数据计算出均方误差最小条件下回归方程中的系数。这样，当测得了传感器的输出值时，就可由已知系数的多维回归方程计算出相应的输入被测目标参数。多传感器器可测量多个参量，得到多个参量的信息。多维信息的融合算法有多种，曲面拟合算法是其中之一，也就是多维回归分析法[228]。

7.2.1 曲面拟合融合方法

已知电容式差压传感器经过变换电路输出的是泥沙含量 S，且存在温度灵敏度。因此只对电容传感器进行一维标定实验，并且由获得的输入（电流 K）-输出（泥沙含量 S）特性曲线来求取被测泥沙含量值会有较大误差，因为被测量 K 不是输出值 S 的一元函数。现在由温度传感器输出来代表温度信息 T 和深度传感器测出深度信息 H，则可将电容传感器输出含沙量 S 描述为泥沙含量参量 K、深度 H 和温度传感器输出 T 的三元函数：

$$S = g(K,H,T) \tag{7.14}$$

对于由(H,K,T)所决定的 S 平面，可利用二次曲面拟合方程，即三维二次回归方程来描述。考虑到温度对电容差压传感器影响较大，故对温度信息 T 和泥沙含量信息进行二次拟合，拟合方程如下：

$$S = \alpha_0 + \alpha_1 H + \alpha_2 K + \alpha_3 T + \alpha_4 K^2 + \alpha_5 KT + \alpha_6 T^2 + \varepsilon \tag{7.15}$$

式中：α_0～α_6 为常系数；ε 为高阶无穷小量。如果式中的各个常系数已知，那么用于检测电容传感器输出 S 的三元输入-输出特性，即曲面拟合方程 6-2 式就确定了。当采集到温度传感器的输出值 T 及泥沙含量 K 值时，代入式（7.14）中就可以校正测量得到的传感器输出 S。为此，首先进行三维标定实验，然后根据标定的输入、输出值，由最小二乘法原理确定常系数 α_0～α_6。由于上述研究表明，电容差压传感器输出 K 和温度传感器输出 T 都与泥沙含量 S 成很好的一次线性关系。为简化计算，本实验采用一次三元拟合：

$$S = \alpha_0 + \alpha_1 H + \alpha_2 K + \alpha_3 T \tag{7.16}$$

7.2.2 曲面拟合的试验标定

在电容差压传感器的量程范围内确定 n 个标定点，在工作温度范围内确定 m 个温度标定点，于是由泥沙含量 S 与温度 t 在各个标定点的标准输入值为：

$$k_i; k_1, k_2, k_3, k_4, \ldots, k_m \tag{7.17}$$

$$t_j; t_1, t_2, t_3, t_4, \ldots, t_n \tag{7.18}$$

对应于上述各个标定点的标准输入值读取相应的输出值 Sk_i、Sk_t，并且记录传感器深度 H 的值。

7.2.3 曲面拟合方程待定常数的确定

为确定式（7.16）所表征的二次曲面拟合方程式的常系数，通常根据最小二乘法原理，求得的系数值满足均方误差最小条件。系数 α_0～α_3 的求取步骤如下。

由二次曲面拟和方程计算得到的 $S(K,T)$与标定值 Sk 之间存在误差 ΔK，其方差 ΔK^2 为：

$$\Delta k^2 = [S_k - S(H,K,T)]^2 \quad k = 1,2,\ldots,mn \tag{7.19}$$

总计有 $m \cdot n$ 个标定点，其均方误差 R_1 应最小。

$$R_1 = \frac{1}{mn}\sum_{k=1}^{mn}[S_K - (\alpha_0 + \alpha_1 H + \alpha_2 K + \alpha_3 T)]^2 = R_1(\alpha_0, \alpha_1, \alpha_2, \alpha_3) \tag{7.20}$$

由上式可见，均方误差 R_1 最小，是常系数 α_0～α_3 的函数。根据多元函数求极值条件，令下列各偏导数为零

$$\frac{\partial R_1}{\partial \alpha_0} = 0; \frac{\partial R_1}{\partial \alpha_1} = 0; \frac{\partial R_1}{\partial \alpha_2} = 0; \frac{\partial R_1}{\partial \alpha_3} = 0 \tag{7.21}$$

将式（7.20）代入公式（7.21），可得 α_0～α_3 的函数。其系数可由试验标定点的输入值 S_k 计算出来，从而可得 α_0～α_3 的值，最后可以确定拟合方程。

7.2.4 曲面拟合融合处理及误差分析

泥沙含量标定点的数量取 10 个，即 n=10；温度标定点的个数取 10 个，在此用 10℃、15℃，23℃，36.6℃，39℃时的数据来拟合方程，用 12℃、17℃、24.5℃、36℃、37.7℃时的数据来验证融合效果，所以 m=5。深度 H 为 10.5、11、11.5、12、12.3、12.5、12.8（cm）。即：

S_i（kg/m^3）：12.58，18.84，19.45，36.42，57.78，67.92，93.11，93.4，95.68，98.61

T_j（℃）：10，11，15，17，23，24.5，36，36.6，37.7，39

H（cm）：10.5，11，11.5，12，12.3，12.5，12.8

表 7.1 用于拟合的数据

K 值	温度值 T/℃	深度 H/cm	实测值 S/（kg/m^3）
350	10	10.5	12.58
389	15	11	18.84
450	23	12	57.78
493	36.6	11.5	93.11
511	35	12.5	91.8

根据表 7.1 中的数据，用矩阵分解法算出 α_0～α_3 的值，于是拟合方程就被确定为：

$$S = -54.1124 + 32.1185H + 0.9820K + 7.1191T \tag{7.22}$$

$$R = 0.9947 \tag{7.23}$$

式中：系统输入信号泥沙含量为 K；深度为 H；温度为 T。数据融合后的输出可以是泥沙含量 S。选用何种输出形式依选用的拟合方程式而定。按公式（7.23）对待检验数据进行融合处理。表 7.2 为测试数据融合结果和误差。

表 7.2 数据融合处理后的结果

值	深度 H/cm	温度 T/℃	计算值 S/（kg/m^3）	实测值/（kg/m^3）	误差	相对误差
55	10.5	11	12.83195	15.11	−2.27805	0.17752
05	11.5	17	38.56505	36.42	2.14505	0.05562
80	12.8	24.5	60.06235	60.92	−0.85765	0.01427
94	11.5	37.7	98.53242	96.68	1.85242	0.01880
14	12.3	36	92.48475	93.40	−0.91525	0.00989

如图 7.11 所示为 H、K 和 T 数据融合后的误差分析。可以看出，融合后的平均测量相对误差在±0.055kg/m^3 以内，单次测量误差最大值小于±2.28kg/m^3。从表 7.2 和图 7.11 可以看出，当把泥沙含量和温度一起考虑的时候，检测的误差就相对小，检测的精度和稳定性就更高一些。

经过理论分析和试验验证，最后把回归方程式作为实际检测泥沙含量间的计算公式。把这种模型关系应用到“模型黄河”小浪底库区的试验平台实测泥沙含量，整体测量的相对误差都在3%范围内，满足工程上测量的要求。本系统测量含沙量的量程为 0～800kg/m^3；传感器倾斜度≤34°；测点水流速度≤0.4m/s；水温范围 0℃～45℃。本实验通过电机拖动传感器线缆后，测点深度可达 30m，如果条件允许，测点深度可以更深。与同类产品相比，该系统比较适合小浪底库区含沙量的检测。同时，该系统还可为黄河流域库区水质管理、河道清淤以及污水处理厂排泥管理提供科学指导。

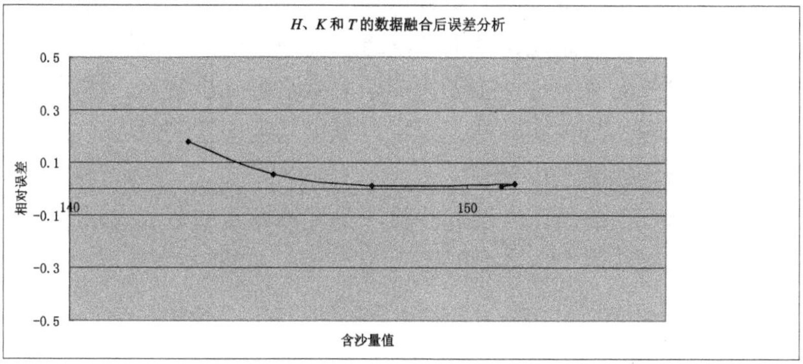

图 7.11　H、K 和 T 数据融合后的误差分析

7.3　基于物联网的黄河含沙量数据融合研究

7.3.1　物联网技术

作为新兴的研究领域，物联网将各种信息传感设备（如射频识别装置、红外感应器、全球定位系统、激光扫描器等）与互联网结合起来，并能进行识别、定位和控制[229]。物联网技术可以服务于各种水利信息化和水利业务管理的综合体系中，如水利信息检测与处理、水资源调度与管理、自然灾情监测等。本文设计了基于“物联网”背景下的黄河含沙量在线检测系统模型，利用分散在物联网上的水温、深度和流速等传感器，综合考虑环境的因素来测量黄河流域上的含沙量。本文重点研究了基于物联网的数据融合技术，并建立了含沙量在线检测系统，能对测量的数据进行实时处理，最后将处理的结果进行显示、存储和传输。

7.3.2　含沙量检测的物联网框架

物联网的网络分层结构为感知层、网络层和应用层[230]。按照物联网的整体构建架构，基于物联网的黄河含沙量检测系统可分为三层进行构建，即信息采集感知层、异构网络通信层和信息综合应用层。

物联网的关键技术包括感知技术、通信网络技术、智能处理与数据融合技术等[231]。含沙量检测系统的感知技术层主要完成含沙量、水温、深度和流速等信息的感知。感知层的节点能随时随地感知、测量、捕获和传递信息。网络层主要完成数据传输和网络控制，它由多种网络组合而成，包括移动通信网、互联网、企业内部网、各类专网等。本文通过射频识别技术进行无线组网，将各类传感器采集的数据上传到中控室的监控计算机，再通过 Internet 进行远程传输。信息应用层是基于 GIS 软件平台来设计，主要完成信息处理和人机交互。通过应用层对感知数据进行分析处理、挖掘和融合，为用户提供功能丰富的服务，实现智能化的应用。网络分层结构如图 7.12 所示。

通过含沙水体产生的静压实现泥沙检测是泥沙测量的重要方法之一。电容式差压传感器垂直放置，两个电容器间距为 300mm，如图 7.13 所示。

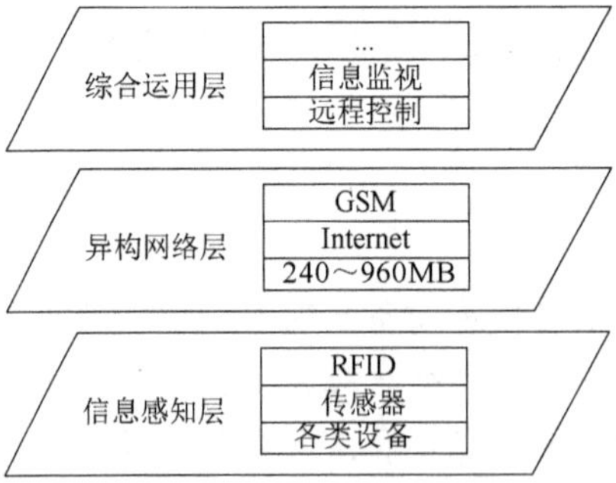

图 7.12 网络分层结构

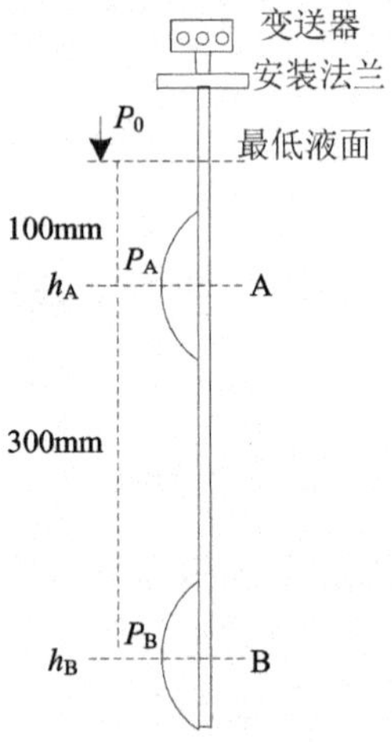

图 7.13 电容式差压传感器结构

液体的静压强可以表示为

$$\Delta P = P_B - P_A = \rho g \Delta h \tag{7.24}$$

由静止液体的帕斯卡定理可得对于容器中两点 A、B 间液体的浓度：

$$\rho = \frac{\Delta P}{g \Delta h} \tag{7.25}$$

式中：h 为液位高度；ΔP 为压差；ρ 为液体密度；g 为重力加速度。由式（7.25）

可以看出，当两个差压传感器高度Δh一定时，泥沙检测的问题就转换为差压测量的问题[232]。

7.3.3 基于多元回归分析的数据融合

因为含沙量测量系统的精度和稳定性不仅与含沙量传感器的精度和稳定性有关，往往还易受环境的因素干扰，如温度的变化、水流的冲击和不同深度的影响等。所以需要采用数据融合技术对含沙量信息进行智能处理。基于回归分析思想的数据融合方法是由多维回归方程建立被测目标参量与传感器输出量之间的对应关系，由实验标定计算出均方误差最小条件下的回归方程系数。这样，测量时就可由已知系数的多维回归方程来自动计算出相应的测量结果。

通过模拟试验和现场测试表明，对系统测量影响较大的因素有水温、流速和测点深度。电容式差压传感器垂直放置，又利用差压原理，故不同的泥沙颗粒级配对含沙量输出的结果影响较小。当水流较缓时，流速对含沙量的测量影响较小；但当流速超过4m/s时，水流对电容式差压传感器的冲击很大，本系统就不能正常使用了。因此，本系统较适合低流速河流的含沙量检测，特别是黄河流域库区含沙量的检测。因此，考虑了含沙量检测与环境因素的影响后，此处选择了含沙量、温度和测点深度作为数据融合的参数。

设变量为$x_1,x_2,\ldots x_n$，因变量为y，y与$x_{i1},x_{i2},\ldots,x_{in}(i=1,2,\ldots,n)$满足多元一次关系，即$y$的$n$组观测值为：

$$y=\beta_0+\beta_1x_1+\ldots+\beta_px_n+e \tag{7.26}$$

式中n为组数。其中因变量数据向量y和自变量数据矩阵x按以下排列方式输入：

$$x=\begin{bmatrix}1 & x_{11} & x_{12} & \cdots & x_{1k}\\ 1 & x_{21} & x_{22} & \cdots & x_{2k}\\ & \cdots & \cdots & \cdots & \\ 1 & x_{n1} & x_{n2} & \cdots & x_{nk}\end{bmatrix},y=\begin{bmatrix}y_1\\ y_2\\ \vdots\\ y_n\end{bmatrix} \tag{7.27}$$

用最小二乘法求$\beta_0,\beta_1,\ldots,\beta_n$的估计值。作离差平方和$Q$：

$$Q=\sum_{i=0}^{n}(y_{\mathrm{i}}-y)^2=\sum_{i=0}^{n}(y_{\mathrm{i}}-\beta_0-\beta_1x_{i1}-,\ldots,-\beta_nx_{in})^2 \tag{7.28}$$

选取合适的$\beta_0,\beta_1,\ldots,\beta_n$，使$Q$达到最小，据最小极值法原理，使$Q$方程对各个$\beta_0,\beta_1,\ldots,\beta_n$的偏导为零[233]。解此方程，得$\beta_0,\beta_1,\ldots,\beta_n$的估计值，则$\hat{\beta}=(\beta_0,\beta_1,\ldots,\beta_n)^{-1}$的估计值为：

$$\hat{\beta}=(x'x)^{-1}x'y \tag{7.29}$$

将算得的 $\hat{\beta}$ 代入式（7.26）中，得到经验回归方程式：

$$\hat{y} = \hat{\beta}_0 + \hat{\beta}_1 x_1 + \ldots + \hat{\beta}_n x_n \tag{7.30}$$

7.3.4 多元回归融合处理

含沙量标定点的数量取 10 个，即 n=10。这里只考虑了水温（T）和深度（H）对含沙量（S）的测量影响，见表 7.3。用表 7.3 中的前 5 组数据来拟合多元回归方程，用后 5 组数据来验证数据融合处理的效果。表 7.3 中，k 值表示加沙过程中含沙量信息通过电容差压传感器转换的电流值。

表 7.3 用于标定的数据

组数	1	2	3	4	5	6	7	8	9	10
K 值	350	389	450	493	511	355	405	480	494	514
温度值 T/℃	10	15	23	36.6	35	11	17	24.5	37.7	36
深度 H/cm	10.5	11	12	11.5	12.5	10.5	11.5	12.8	11.5	12.3
实测值 S/（kg/m^3）	12.58	18.84	57.78	93.11	91.8	15.11	36.42	60.92	96.68	93.40

首先进行数据融合前的处理分析，用表 7.3 中的前 5 组数据来拟合。对含沙量 S 和压差 K 值进行一元线性回归分析，得一元回归方程为

$$S = -188.0193 + 0.5537K \tag{7.31}$$

$$R = 0.9651 \tag{7.32}$$

式中：系统输入信号含沙量为 K；一元线性输出含沙量为 S。按式（7.30）对待检验数据进行融合处理，表 7.4 为测试结果和误差。

表 7.4 一元回归分析的结果

K 值	计算值 S/（kg/m^3）	实测值/（kg/m^3）	误差	相对误差
355	8.5442	15.11	6.5668	0.434533
405	36.262	36.42	0.1985	0.005239
480	77.7567	60.92	16.8367	0.276374
494	85.5085	96.68	11.1715	0.115551
514	96.5825	93.40	3.1825	0.034074

如图 7.14 所示为只考虑压差 K，没有进行数据融合的误差分析图。可以看出，融合前的平均测量相对误差是±0.173154kg/m^3，单次测量误差最大值为±16.8367kg/m^3。从表 7.4 和图 7.14 可以看出，当不考虑温度和水深度等的

影响时，检测的误差相对较大，检测的精度和稳定性相对差一些。

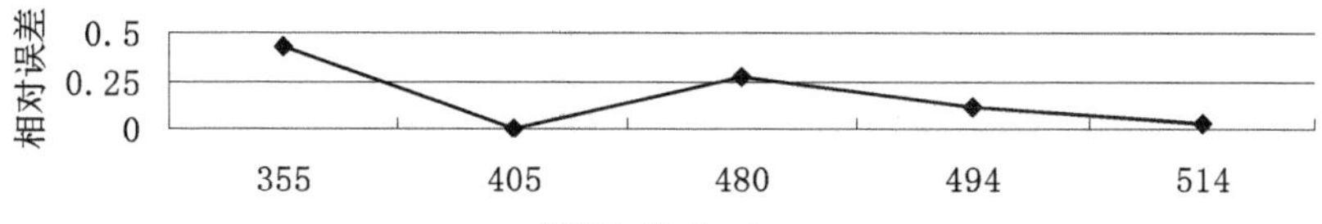

图 7.14　只考虑压差 K 和含沙量一元回归方程的误差分析

从表 7.3 中用于拟合和验证的数据可以看出，传感器输出值随温度的升高和水深的加大而逐渐增大。本文也分别做了大量的实验来验证不同的温度 T 对因变量 S 的影响和不同的水深 H 对因变量 S 的影响。实验表明，因变量 S 与自变量温度 T、水深 H 之间存在一定的线性关系。用多元二次方程来标定各变量的权重值拟合出的效果会更好，但拟合的多元二次方程复杂，不易实现。因此，本书只进行了含沙量 K、深度 H、温度 T 的多元一次线性回归的数据融合分析，得多元回归方程式为

$$S = -54.1124 + 32.1185H + 0.9820K + 7.1191T \tag{7.33}$$

$$R = 0.9947 \tag{7.34}$$

式中：输入信号为含沙量 K；深度为 H；温度为 T；数据融合后的输出含沙量为 S。选用何种输出形式依选用的拟合方程式而定。式（7.34）为三元数据的拟合关系。

7.3.5　多元回归融合处理误差分析

按式（7.33）对待检验数据进行融合处理，表 7.5 为测试数据融合结果和误差。

表 7.5　数据融合处理后的结果

K 值	深度 H/cm	温度 T/℃	计算值 S/（kg/m^3）	实测值/（kg/m^3）	误差	相对误差
355	10.5	11	12.83195	15.11	−2.27805	0.17752
405	11.5	17	38.56505	36.42	2.14505	0.05562
480	12.8	24.5	60.06235	60.92	−0.857565	0.01427
494	11.5	37.7	98.53242	96.68	1.85242	0.01880
514	12.3	36	92.48475	93.40	−0.91525	0.00989

如图 7.15 所示为 H、K 和 T 数据融合后的误差分析。可以看出，融合后的平均测量相对误差在 $\pm 0.055kg/m^3$ 以内，单次测量误差最大值小于 $\pm 2.28kg/m^3$。从表 7.5 和图 7.15 可以看出，当把含沙量和温度一起考虑的时候，检测的误差相对

较小，检测的精度和稳定性更高一些。

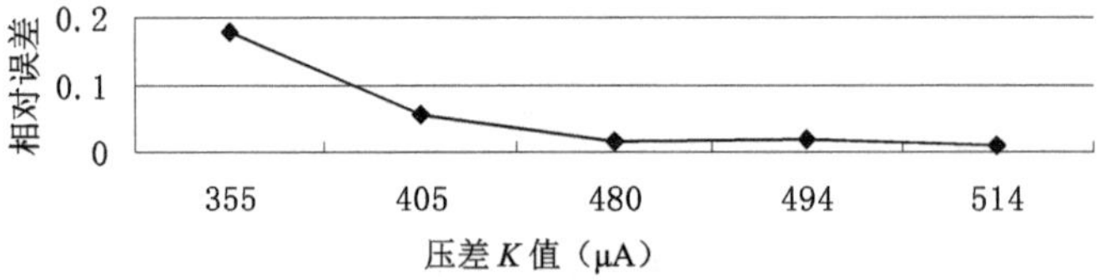

图 7.15　*H*、*K* 和 *T* 数据融合后的误差分析

在黄河上建立含沙量在线检测系统，除与选用的传感器有关外，还要能适应复杂的环境及智能检测的需求，以保证检测系统的准确性和稳定性。因此，作为国家新兴的战略技术，物联网技术可有助于黄河水文和水质信息的检测。本书对黄河含沙量测量系统进行了研究，设计了基于“物联网”背景下的黄河含沙量在线检测系统，以电容差压方法为例建立测量模型，研究了物联网中的数据融合技术。试验结果表明，利用分布在物联网上的多传感器获取的信息进行数据融合处理，能考虑多种环境因素的影响，提高了含沙量检测的精度，增强了系统的稳定性。本系统较适合小浪底库区含沙量的检测，还可用于黄河流域库区水质管理、河道清淤及污水处理厂排泥管理等。

7.4　基于神经网络的含沙量数据融合原理

本章提出了采用电容式差压法来测量含沙量，并能同时检测含沙水体的环境信息，进行含沙量数据融合处理，来提高系统测量的精度和稳定性。由于 RBF 具有最佳逼近而又能避免局部最小等特性，本文提出了一种基于 RBF 神经网络的多传感器数据融合方法，进行含沙量数据融合处理，来消除环境变化对测量的影响。本文首先简述了电容式差压测量含沙量的原理；然后讨论了影响含沙量检测的环境因素，进行了含沙量测量模型的参数选择；最后建立了基于 RBF 神经网络的含沙量测量的数学模型，并进行反演和误差分析。本章在相同环境下还进行了 BP 神经网络、多元线性回归和一元线性回归等方法的含沙量数据处理和反演，并将处理结果和 RBF 方法的结果进行比较。

7.4.1　基于神经网络的数据融合原理

RBF 以函数逼近为理论基础，通过隐层单元的基函数把输入层变换到隐层空间里，而隐层到输出层是线性加权和。RBF 神经网络总体上是非线性的输入输出关系，但在隐含层到输出层的映射是线性的。隐层到输出层的线性映射函数的权可直接由线性函数解出，因此，RBF 网络结构简单、训练速度快，并可避免局部极小问题[234]。

RBF 网络径向基函数有多种形式，实际上最常用的是高斯基函数：

$$\varphi_j = \exp\left[-\frac{\left\|V - C_j\right\|}{2{\sigma_j}^2}\right],\ j = t, t+1, \ldots, t+M-1 \tag{7.35}$$

式中：φ_j 是第 j 个隐含层节点的输出；t 是输入样本；C_j 是高斯基函数的中心值；σ_j 是标准化常数；M 是隐层节点数。RBF 的输出函数 y 是隐层节点输出的线性组合：

$$y = \sum_{j=1}^{M} w_{ij}\varphi_j,\ \ i = 1, 2, \ldots, p \tag{7.36}$$

式中：w_{ij} 为网络输出的加权值；p 为输出节点个数。利用实测的数据，RBF 网络计算出输出值和实测值的误差，再根据均方误差最小原则，求出输出层的权值 w_{ij}。最后，根据样本信号对隐层和输出层进行权值校正，以提高输出函数的逼近精度。

用电容差压传感器测量含沙量时，影响其测量精度和交叉灵敏度的最主要因素是温度、流速和深度，故必须对传感器的数据进行融合处理。其网络模型如图 7.16 所示。

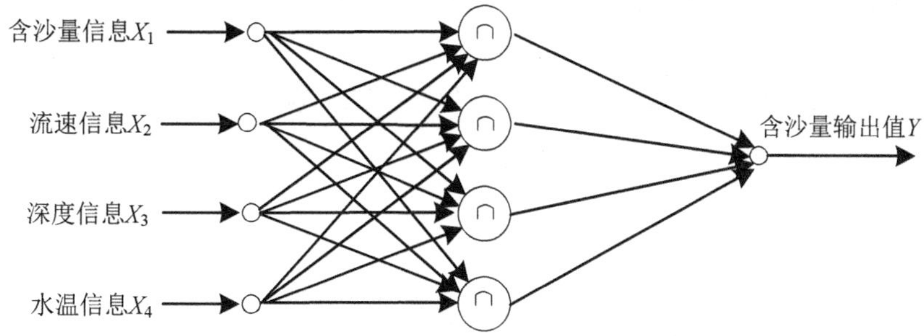

图 7.16　RBF 网络模型

7.4.2　神经网络融合实验标定

含沙量测量实验选取了粉煤灰作为实验的材料。所选取粉煤灰的平均粒径为 33.29μm，为中型沙。每次在圆桶中投入定量的粉煤灰，用比重瓶获取含沙量实测值，并同时测量电容式差压传感器输出值（K）、流速（V）、水温（T）和深度（H）的信息值。含沙量标定点的组数取 68 个，即 n=68，见表 7.6。用表 7.6 中第 1 组到第 34 组数据来拟合含沙量检测的数学方程，用第 35 组到第 68 组数据通过建立的数学方程来反演，并用反演值和实测值进行误差分析，验证数据融合处理的效果。流速选择了 0Hz、20Hz、30Hz 和 40Hz 的转速等级。由于实验条件所限，水温和深度只选择了两个变化级别。

表 7.6 用于实验的数据

组数	含沙量 K 值/μA	转速 v/Hz	温度 T/℃	深度 H/cm	实测值/(kg/m³)	组数	含沙量 K 值/μA	转速 v/Hz	温度 T/℃	深度 H/cm	实测值/(kg/m³)	RBF 误差/(kg/m³)	BP 误差/(kg/m³)	多元误差/(kg/m³)	一元误差/(kg/m³)
1	453	0	21	59	134.9	35	730	20	21	59	134.9	0.4893	3.1997	1.0772	3.8165
2	431	0	18	45	134.8	36	699	20	18	45	134.8	0.3187	0	2.5147	3.5724
3	707.75	30	21	59	134.9	37	716	40	21	59	134.9	1.4766	0.1	4.5420	3.6611
4	691	30	18	45	134.9	38	692.5	40	18	45	134.8	0.9609	3.3	8.0304	3.5002
5	714.25	20	21	59	134.8	39	720.25	20	21	59	135	0.3505	3.1	1.0426	3.6082
6	698.25	20	18	45	135.5	40	698	20	18	45	135	0.1017	0.2	2.3285	3.3613
⋮	⋮	⋮	⋮	⋮	⋮	⋮	⋮	⋮	⋮	⋮	⋮	⋮	⋮	⋮	⋮
33	703	40	18	45	138.2	67	701.75	30	18	45	137.7	1.9115	2.8676	2.2897	0.7029
34	702.75	40	18	45	137.9	68	723	40	21	59	138.1	1.6112	3.3	1.2454	0.5388
											平均误差	0.8540	1.7660	2.9291	2.3464

7.4.3 数据处理与误差分析

为了进行比较，本节在相同的环境中进行了 BP 网络数据融合处理、多元线性回归数据处理和一元线性回归数据处理，并进行了误差分析。RBF 神经网络融合处理的误差最小，平均误差为 0.8540。RBF 神经网络融合方程反演的计算值和实际测量值的跟随趋势如图 7.17 所示，与实测值的误差较小。

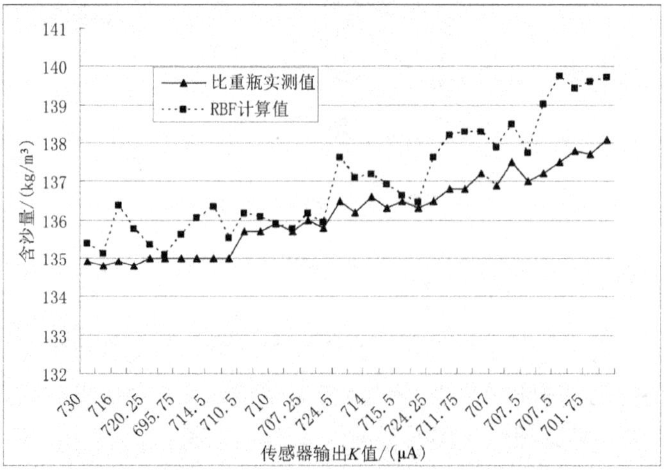

图 7.17 RBF 法的计算值和实测值比较

如图 7.18 所示为应用了 RBF 网络、BP 网络、一元回归和多元回归分析的误差比较。从图中可以看出，RBF 的融合效果最理想，整体的误差较小，测量精度高，受环境因素的影响较小。BP 网络融合处理后的误差较小，平均误差为 1.7660，表明用神经网络来考虑水体的环境因素影响效果好。

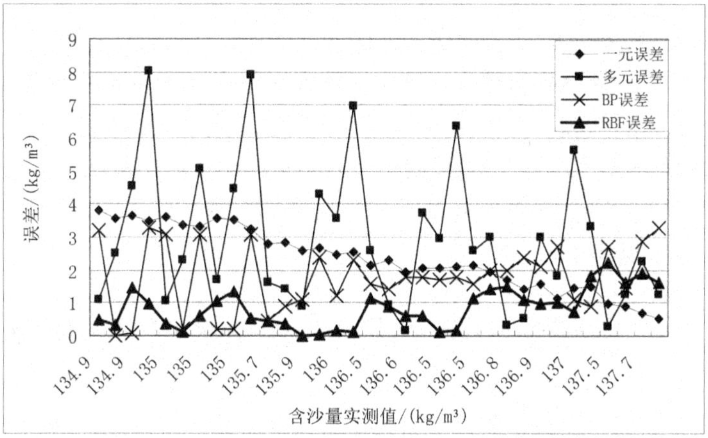

图 7.18 RBF 与 BP、多元回归和一元回归的误差分析

本节也进行了仅对含沙量传感器输入/输出的一元线性回归分析，用表 7.6 中的前 34 组数据来拟合。当进行一元回归分析时，即不考虑温度、流速和深度等影响时，检测的误差相对较大，检测的精度和稳定性相对差一些，一元回归处理后得到整体的平均误差为 2.3464。用一元高次回归方程来标定各变量的权重值拟合出的效果会更好，但拟合的一元高次方程复杂、不易实现。式（7.37）为拟合的一元一次回归方程，K 表示电容差压传感器转换的电流值。

$$S = 0.0111K + 130.6135 \qquad (7.37)$$

从表 7.6 和图 7.18 还可看出，多元融合处理后得到整体的平均误差为 2.9233，误差的变动较大，表明融合的效果较差，也说明虽然考虑了不同的环境因素影响，但仅对各种环境因素进行多元一次回归分析，融合的效果还不是很理想。同样，用多元二次回归方程拟合出的效果更好，但拟合的多元二次方程复杂、不易实现。多元一次回归方程如式（7.38）所示，其中，V 为流速，T 为水温，H 为深度。

$$S = -0.01K + 0.27V + 18.11T - 4.10H \qquad (7.38)$$

本节对含沙量测量的数据融合方法进行了研究，以电容式差压法为例建立测量模型，研究了基于神经网络的多传感器数据融合技术，得出了以下结论：

（1）由于电容式差压方法在低含沙量时误差较大，且流速不能过高，因此电容式差压法较适合低流速和高含沙量河流的含沙量检测，特别是黄河流域库区含沙量的检测。

（2）在测量水流中泥沙含量的过程中，水体的温度、流速和深度等环境因素会对黄河含沙量的测量产生影响，必须进行数据融合处理来消除不同环境因素对含沙量测量的影响。

（3）基于 RBF 神经网络的数据融合处理方法，不仅能考虑多种环境因素的影响，提高了含沙量检测的精度，增强了系统的集成性和稳定性，而且比基于 BP 神经网络、多元回归和一元回归方法的处理精度更高、误差更小。

（4）数据融合技术是未来量测技术应用研究的方向，基于神经网络的数据融合方法为黄河含沙量在线测量提供了一种有效的方法，将为黄河含沙量检测技术的研究带来很大帮助。

7.5 基于云计算的黄河含沙量数据融合研究

本节针对黄河含沙量检测易受环境因素影响的特点，研究了基于云计算的分布式灰色数据融合技术，建立了黄河含沙量在线检测云平台[235]。平台首先将分散在黄河流域上的水温、测点深度等传感器建立分布式数据采集子云，然后用主成分分析法分析出含沙量检测的主成分因素，最后采用基于灰色 GM(1,N)模型进行含沙量数据融合处理。为了比较灰色 GM(1,N)方法的含沙量检测融合效果，在相同环境下还进行了一元线性拟合、多元线性拟合处理。结果表明，基于灰色 GM(1,N)模型数据融合的精度最高、稳定性最强，能够拟合出较为准确的结果。

7.5.1 基于云计算的含沙量测量应用背景

由于黄河水少沙多，所以黄河治理和水资源开发利用很难实现。在人类社会经济活动范围不断扩大、干预自然能力日益增强的情况下，黄河流域水沙状况和产沙、输沙规律也在不断发生变化。只有能够准确检测黄河的含沙量，才能对其进行有效的治理。然而，黄河含沙量检测易受环境因素的影响，导致含沙量测量精度不高、系统稳定性不好。所以，在黄河中进行含沙量测量，就必须进行影响含沙量测量的环境因素关联分析，进行多传感器数据融合处理。目前，许多专家学者在含沙量测量理论和方法上进行了不懈的努力和研究，提出了不同的含沙量检测和数据融合的方法。含沙量测量方法有超声法、红外线法、激光法、同位素法、γ 射线法、振动筒法等。含沙量数据融合的主要方法有单因子线性回归模型、多元线性回归模型等。

早期人们在进行含沙量数据融合的过程中，采集样本一般都固定在一个采样点进行，含沙量和环境量的采集样本量相对来说比较小。同时，由于在融合前又没有对相关因素进行关联分析，不但会增加有些环境因素的测量的工作量，还会对含沙量测量结果造成干扰。目前，云计算是一种新的技术理念，可以应用于黄河含沙量检测中。云计算平台可以将不同采样点或观测站采集到的大量数据传送至云服务器，并可通过云服务器将任务分配给各个子云进行关联分析和融合处理。本章建立一个基于云计算的黄河含沙量数据融合平台，将不同观测站点采集到的大量数据传送至云服务器；云服务器将任务分配给各个子云，在云上进行数据关联分析，消除不必要的影响因素；最后采用基于灰色 GM(1,N)模型进行含沙量数据融合处理和反演测量。为了比较灰色 GM(1,N)方法的含沙量检测融合效果，本章在相同环境下进行了一元线性拟合、多元线性拟合的含沙量数据处理。

7.5.2 基于云计算的数据融合平台

基于云计算的黄河含沙量云平台是把含沙量数据和处理软件都放在远程的云服务器和子云上，在需要处理和浏览时由云平台服务器统一调用[237]。本文设计的黄河含沙量云平台是基于互联网的，是以浏览器为基础，数据存储和应用都在云端；同时云计算强调服务，对各个监测站点按需服务，进行付费浏览和下载数据等。

此平台首先在多个水文监测站建立含沙量数据采集节点，采集传感器水温、测点深度等信息并传送至云服务器；云服务器将任务分配给各个子云，在云端进行数据集成、数据选择和数据融合处理；最后得出含沙量测量结果，发布在云平台服务器，可通过浏览器进行远程浏览。黄河含沙量云计算平台具体流程如图 7.19 所示。

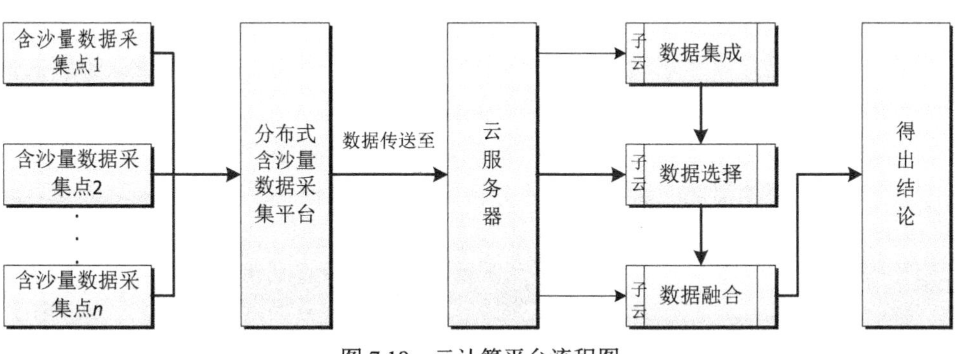

图 7.19　云计算平台流程图

因为含沙量检测的精度与稳定性除了与含沙量传感器的精度和稳定性有关

外，往往还易受环境因素的干扰，如温度的变化、不同深度的影响等。本节选取压力差 K 值、温度 T 和水深 H 这三个影响因子进行分析，通过电容式差压传感器进行数据采集。其原理为通过含沙水体产生的静压实现含沙量检测，模型如图 7.20 所示。液体的静压强可以表示为

$$\Delta P = P_B - P_A = \rho g \Delta h \tag{7.39}$$

则 $\rho = \Delta P / g\Delta h$，当两个差压传感器高度差一定时，泥沙检测就转换为差压测量问题。

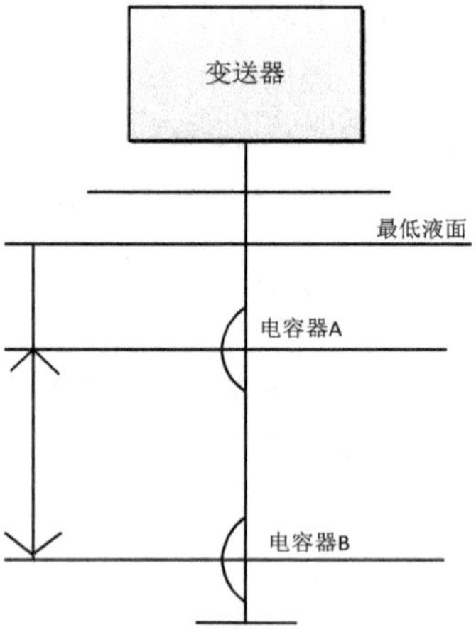

图 7.20　电容式差压传感器模型图

7.5.3　主成份分析

影响含沙量的因素有很多，在采取 GM(1,N)模型进行预测的时候，可能将几乎不影响结果的因素和不必要的因素也考虑进去，浪费大量时间和精力，还可能对结果造成误差。本节采用主成分分析法处理数据，筛选出影响含沙量的最主要的几个因素，然后提供给 GM(1,N)进行数据融合[238]。

主成分分析法是一种常用的多指标统计方法，是将多个变量通过线性变换选出较少个数重要变量的一种多元统计分析方法。计算相关系数矩阵：

$$\boldsymbol{R} = \begin{bmatrix} r_{11} & r_{12} & \cdots & r_{1p} \\ r_{21} & r_{22} & \cdots & r_{2p} \\ \cdots & \cdots & \cdots & \cdots \\ r_{p1} & r_{p2} & \cdots & r_{pp} \end{bmatrix} \tag{7.40}$$

在（7.40）式中，r_{ij} 为原变量之间的相关系数，其计算公式为

$$r_{ij}=\frac{\sum_{k=1}^{n}(x_{ki}-\overline{x}_i)(x_{kj}-\overline{x}_j)}{\sqrt{\sum_{k=1}^{n}(x_{ki}-\overline{x}_i)^2\sum_{k=1}^{n}(x_{kj}-\overline{x}_j)}} \tag{7.41}$$

因为 $\boldsymbol{R}$ 是对称矩阵（即 $r_{ij}=r_{ji}$），所以只需计算上三角或下三角元素即可。特征值与特征向量需要进一步求解。首先解特征方程 $|\lambda I-\boldsymbol{R}|=0$，通常用雅可比法（Jacobi）求出特征值 λ_i（i=1,2,…,p），并使其按大小排序排列，即 $\lambda_1\geqslant\lambda_2\geqslant\ldots\geqslant0$；然后分别求出对应于特征值 λ_i 的特征向量 e_i（i=1,2,…,p）。这里要求 $\|e_i\|$=1，即 $\sum_{j=1}^{p}e_{ij}^2=1$，其中 e_{ij} 表示向量 e_i 的第 j 个分量。本节还需要计算主成分贡献率及累计贡献率，其主成分 z_i 的贡献率为

$$\frac{\lambda_i}{\sum_{k=1}^{p}\lambda_k}\quad(i=1,2,\ldots,p) \tag{7.42}$$

累计贡献率为

$$\frac{\sum_{k=1}^{i}\lambda_k}{\sum_{k=1}^{p}\lambda_k}\quad(i=1,2,\ldots,p) \tag{7.43}$$

一般取累计贡献率达 85%～95%的特征值 $\lambda_1,\lambda_2,\ldots,\lambda_m$ 所对应的第一，第二，……，第 m（$m\leqslant p$）个主成分。

7.5.4 基于 GM(1,*N*)模型的数据融合

GM(1,*N*)模型是一阶 N 个变量的微分方程型预测模型，$x_i^{(1)}$ 为 $x_i^{(0)}$ 的 1-AGO 序列（i=1,2,…,N），$z_i^{(0)}$ 为 $x_i^{(1)}$ 的紧邻均值生成序列，则称 $x_i^{(0)}(k)+az_1^{(1)}(k)=\sum_{i=1}^{N}b_ix_i^{(1)}(k)$ 为 GM(1,*N*)模型。令

$$\boldsymbol{B}=\begin{bmatrix}-z_1^{(1)}(2) & -x_2^{(1)}(2) & \ldots & -x_N^{(1)}(2)\\ -z_1^{(1)}(3) & -x_2^{(1)}(3) & \ldots & -x_N^{(1)}(3)\\ \ldots & \ldots & \ldots & \ldots\\ -z_1^{(1)}(n) & -x_2^{(1)}(n) & \ldots & -x_N^{(1)}(n)\end{bmatrix};Y=\begin{bmatrix}x_1^{(0)}(2)\\ x_1^{(0)}(3)\\ \ldots\\ x_1^{(0)}(n)\end{bmatrix} \tag{7.44}$$

则参数列 $\hat{u}=[a,b_2,\ldots,b_N]^{\mathrm{T}}$ 的最小二乘估计 $\hat{u}=(\boldsymbol{B}\boldsymbol{B}^{\mathrm{T}})^{-1}\boldsymbol{B}^{\mathrm{T}}Y$。GM(1,*N*)时间响应式为

$$\frac{1}{a}\hat{x}_i^{(1)}(k+1)=[x_i^{(1)}(0)-\frac{1}{a}\sum_{i=2}^{N}b_i x_i^{(1)}(k+1)]e^{-ak}+\frac{1}{a}\sum_{i=2}^{N}b_i x_i^{(1)}(k+1) \tag{7.45}$$

其中 $x_i^{(1)}(0)=x_i^{(0)}$，则有

$$\hat{x}_i^{(0)}(k+1)=\hat{x}_i^{(1)}(k+1)-\hat{x}_i^{(1)}(k) \tag{7.46}$$

由式（7.45）和式（7.46）便可计算出 k+1 期的测量值[239]。

7.5.5 数据融合处理与误差分析

将采集来的数据先进行主成分分析，分析结果如下：压差、深度和温度的贡献率分别为 0.9375、0.0472、0.0153，取累计贡献率为 0.95，而压差和深度的累计贡献率为 0.9847>0.95，所以得出主成分为压差和深度这两个因素。

然后将压差和深度的全部数据分为两组，第一组数据用一元线性回归模型、多元线性回归模型和 GM(1,*N*)模型拟合，拟合出三个公式，再把第二组的相关数据代入第一组拟合出的三个公式，将得出的结果进行比较，再与第二组真实值进行对比。得出的结果如图 7.21 所示。

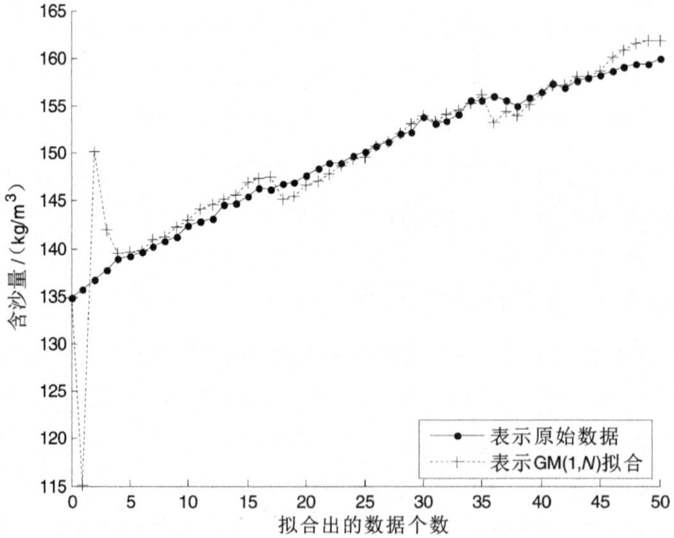

图 7.21 原始数据和拟合数据对比图

由图 7.21 可以看出，GM(1,*N*)拟合的走势贴近真实数据的走势。在最开始有几组数据出现波动，说明电容差压方法检测含沙量时，在含沙量浓度低的时候会出现较大误差；但在含沙量较高的时候，电容差压法测量的精度就较高。这说明电容差压法较适合用来测量高浓度的含沙量。

如图 7.22 所示为几种拟合方法与真实数据拟合图，可以看出，在三种拟合方法中，GM(1,*N*)拟合的走势图更贴近真实值；计算图 7.23 中一元线性回归、多元线性回归、GM(1,*N*)三种拟合出现的相对平均误差分别为 1.62%、1.33%、0.47%。综合图 7.22 和图 7.23 可以看出，GM(1,*N*)拟合值最贴近真实值，出现的平均误差最小、精度最高。

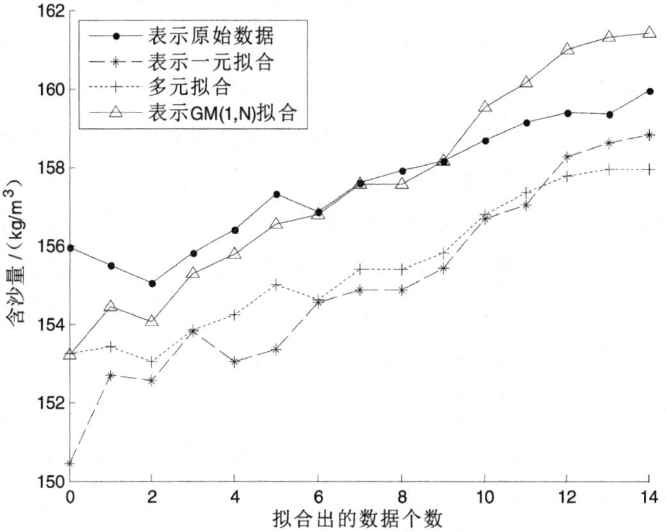

图 7.22　几种拟合方法与真实数据拟合图

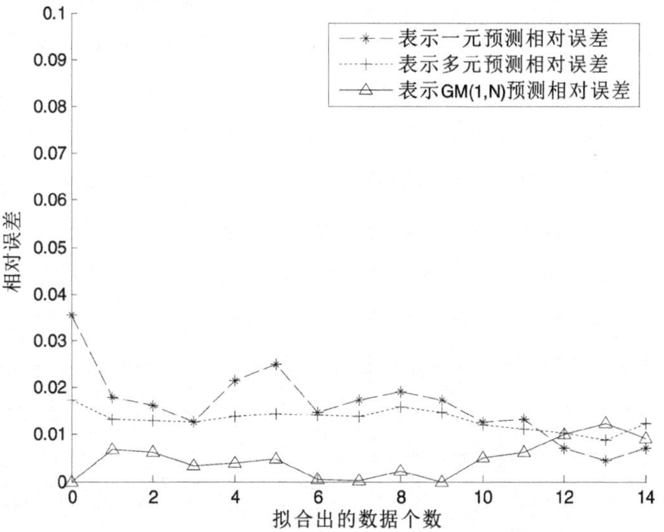

图 7.23　几种拟合方法的相对误差图

基于云计算的黄河含沙量数据融合平台，能够将分布在各个观测站点的黄河含沙量信息和环境信息进行分布式采集，形成大样本数据，增加了样本的客观性和真实性；在云平台上进行分布式计算和融合处理，提高了计算速度。实验表明，灰色 GM(1,N)模型数据融合的精度高、稳定性强，能够融合出较为准确的结果。

7.6 本章小结

本章详细讲解了利用多模型数据融合方法来提高含沙量测量的精度，是本书的难点之一。本章将卡尔曼滤波算法和 BP 神经网络结合，提出了 Kalman-BP 协同融合模型，并在含沙量实际测量中进行了应用研究。本章还对比了一元线性回归模型和多元线性回归模型的数据处理效果，分析了曲面拟合法、基于物联网的多传感器数据融合、基于 RBF 径向基神经网络融合方法和基于云计算的分布式灰色 GM(1,N)数据融合技术的含沙量数据处理模型，并进行了误差分析比较。最后的实验表明，基于多模型的数据融合技术能显著提高泥沙含量测量的精度，基本满足不同环境中含沙量检测的需要。

第 8 章　结论与展望

8.1　结论

准确、及时地感知含沙量信息是实现黄河含沙量成功检测的关键，而多源多尺度数据融合是提高含沙量在线检测精度和稳定性最行之有效的方法之一。本书结合黄河含沙量检测的实际情况，通过系统的研究和设计，并在“模型黄河”和黄河花园口水文站进行了实践，取得了一些成果，结论如下：

（1）音频共振传感器和电容式差压传感器较适用于高悬浮含沙量检测，并在相应的软硬件系统上，可实现黄河含沙量检测的信息可视化、数据分析、融合处理和数据存储等功能。

（2）本书建立的多尺度贯序式卡尔曼-温度融合方法、改进遗传算法的径向基神经网络融合模型和多尺度分段标量加权融合模型，可丰富黄河含沙量检测多源融合理论，使黄河含沙量检测系统能适应复杂环境和智能检测的需求，为黄河含沙量动态测量提供检测模型和理论依据。

（3）小波和曲波的多尺度分析方法能实现含沙量传感器的动态多尺度融合估值功能，可将黄河水沙数据序列进行多时间尺度（分辨级）分析，能实现不同环境因素的多尺度特征提取和表示，得出黄河含沙量检测的多尺度融合估计值。

（4）本书建立了基于多源多尺度数据融合的黄河含沙量检测系统，并开发了基于物联网的含沙量检测硬件平台和 LabVIEW 可视化信息软件平台，基本实现了黄河含沙量在线检测的需求。

（5）应用实践表明，本书设计的黄河含沙量检测系统的可靠性与准确性较高，含沙量检测的融合理论与多尺度方法具有一定的可行性，经进一步完善和改进后，可应用于黄河含沙量在线检测和可视化测量中。

8.2　展望

本书针对黄河含沙量检测多源多尺度数据融合中的关键技术和理论进行了研究，并取得了一些初步的研究成果，但仍有以下问题需要深入研究：

（1）影响黄河含沙量在线检测的因素很多，包括水体温度、深度、流速、电导率以及洪、枯季的降水等。不同因素下的悬浮泥沙物理本质和产生条件往往不同，其外在表现的感知技术也不相同，因此要研究黄河悬浮泥沙的物理本质和发生条件，选择合适的高悬浮含沙量传感器，能更加准确对复杂环境中的目标进行智能感知，从而才能有效地检测黄河含沙量信息。

（2）多尺度特征提取是对多传感器的不同尺度或者不同分辨率的传感器信息的数值、属性状态、空间关系等进行系统的描述和本质信息的获取。高悬浮含沙量在线检测不仅需要对含沙量信息进行空间域的多尺度分析，还要进行时频域的多尺度特征提取，从多尺度的数据特征去考虑，建立基于时空域的含沙量信息多尺度可视化平台。

（3）黄河含沙量检测不仅依赖于传感器理论的发展，还需要结合新的多源融合数学理论和多尺度分析方法。本书第 5 章提出的采用 Curvelet 变换提取含沙量随温度变化的方向细节信息，实现了含沙量和环境量多尺度分析和融合处理。但是，含沙量检测会受到多种环境信息的影响，因此，研究和构建含沙量检测多维或者高维信息的有机融合将是一个值得思考的问题。

附录 1　缩写符号对照表

KF	Kalman Filter	卡拉曼滤波器
RBF	Radical Basis Function	径向基函数
BP	Back Propagation	反向传播
DWT	Discrete Wavelet Transform	离散小波变换
IDWT	Inverse Discrete Wavelet Transform	离散小波逆变换
CT	Curvelet Transform	曲波变换
GPRS	General Packet Radio Service	通用分组无线服务技术
RFID	Radio Frequency Identification	射频识别
LabVIEW	Laboratory Virtual Instrument Engineering Workbench	实验室虚拟仪器工作平台
HSSC	High Suspended Sediment Concentration	高悬浮含沙量
CDP	Capacitive Differential Pressure	电容式差压
FIT	Fiber optic In-stream Transmissometer	光纤透射在线测量仪
OBS	Optical Back Scattering	光学后向散射
ABS	Acoustic Back Scattering	超声后向散仪
ADCP	Acoustic Doppler Current Profilers	声学多普勒剖面仪
ARP	Acoustic Ripple Profiles	超声剖面仪
OPUS	On-line Particle size analysis by Ultrasonic Spectroscopy	超声光谱在线粒度分析系统
MODIS	Moderate-resolution Imaging Spectroradiometer	中分辨率成像光谱仪
TM	Thematic Mapper	专题制图仪
C3I	Communication,Command,Control and Intelligence	指挥自动化技术系统
MST	Multiscale System Theory	多尺度系统理论
PLC	Programmable Logic Controller	可编程逻辑控制器
MSBKTF	Multiscale Sequential Block Kalman- Temperature Fuse	

		多尺度贯序卡尔曼-温度融合
SBKF	Sequential Block Kalman Fuse	贯序式卡尔曼融合
MBKF	Multiscale Block Kalman Filter	多尺度块卡尔曼滤波
DDS	Direct Digital Synthesizer	直接数字式频率合成器
LCD	Liquid Crystal Display	液晶显示器
A/D	Analog / Digital	模拟/数字
LMSE	Least Mean Square Error	最小均方误差
RMSE	Root Mean Square Error	均方根误差
MeanAE	Mean Absolute Error	平均绝对误差
MaxAE	Max Absolute Error	最大绝对误差
MeanRE	Mean Relative Error	平均相对误差
SGA	the Standard Genetic Algorithm	标准遗传算法
AGA	the Adaptive Genetic Algorithm	自适应遗传算法
DAGA	the Dynamic Adaptive Genetic Algorithm	动态自适应遗传算法
IGA	Improved Genetic Algorithms	改进遗传算法
P_c	Probabilities of crossover	交叉率
P_m	Probabilities of mutation	变异率
MM	Multiple Models	多模型

附录 2　数学符号对照表

X	矩阵
I	单位矩阵
$X(k)$	k 时刻的状态向量
$x(k+1\|k)$	由 k 时刻到 k+1 时刻的状态向量
$:=$	定义
$(\bullet)^H$	矩阵共轭转置
$(\bullet)^T$	矩阵转置
$(\bullet)^*$	矩阵共轭转置
X^{-1}	矩阵的逆
$Tr(\bullet)$	矩阵的迹
$diag(X)$	由矩阵 X 构成的分块对角矩阵
$X_{i,j}$	矩阵 X 的第 i 行第 j 列元素
$\hat{x}$	状态向量的估计值
$\overline{x}$	状态向量的估计误差，即 $\overline{x}=x-\hat{x}$
$\|\bullet\|$	范数
$E\{\bullet\}$	期望
$\in$	属于
∂	求偏导
$\delta(t)$	狄拉克函数

参考文献

[1] 王光谦．河流泥沙研究进展[J]．泥沙研究，2007，（2）：64-81.

[2] 穆兴民，王万忠，高鹏，等．黄河泥沙变化研究现状与问题[J]．人民黄河，2014，36（12）：1-7.

[3] 吴伟华，钱春．泥沙测验技术进展简述[J]．泥沙研究，2010，（5）：77-80.

[4] 姚文艺，冉大川，陈江南．黄河流域近期水沙变化及其趋势预测[J]．水科学进展，2013，24（5）：607-616.

[5] Jiao J Y,Wang Z J,Zhao G J,et al. Changes in sediment discharge in a sediment-rich region of the Yellow River from 1955 to 2010: implications for further soil erosion control[J]. Journal of Arid Land,2014,6(5): 540-549.

[6] Yue X,Mu X,Zhao G,et al. Dynamic changes of sediment load in the middle reaches of the Yellow River basin,China and implications for eco-restoration[J]. Ecological Engineering,2014,73: 64-72.

[7] 李小根．流域可视化多分辨率大场景模型研究[D]．[博士学位论文]．郑州：郑州大学，2010.

[8] 张家军，刘晓华，刘彦娥．黄河水文现代化建设探索与实践[J]．水利发展研究，2013，（3）：46-48.

[9] 刘明堂，辛艳辉，李黎，等.基于电容差压的小浪底水库含沙量监测系统[J].人民黄河，2010，32（1）：40-42.

[10] Mcanally W H,Friedrich C,Hamilton D,et al. Management of fluid mud in estuaries,bays,and lakes. I: present state of understanding on character and behavior[J]. Journal of Hydraulic Engineering,2007,133(1): 9-22.

[11] Amoudry L O,Souza A J. Deterministic coastal morphological and sediment transport modeling: a review and discussion[J]. Reviews of Geophysics, 2011,49(2).

[12] Van der Werf J J,Magar V,Malarkey J,et al. 2DV modelling of sediment transport processes over full-scale ripples in regular asymmetric oscillatory flow[J]. Continental Shelf Research,2008,28(8): 1040-1056.

[13] 徐立猛．内河疏浚河道浮泥层测量方法应用初探[J]．水利建设与管理，2014，

（5）：52-55.

[14] 窦希萍．河流水沙观测与模拟研究概述．第十六届中国海洋（岸）工程学术讨论会论文集．中国大连，2013：1344-1352.

[15] 任艳粉，张林波，吴国英．黄河口概化模型试验研究[J]．人民长江，2013，44（21）：90-92.

[16] 冷元宝，王锐，黄建通，等．超声在线含沙量量测技术在“模型黄河”工程中的应用研究[J]，泥沙研究，2006，10（2）：59-62.

[17] 李德贵，罗珺，陈莉红，等．河流含沙量在线测验技术对比研究[J]．人民黄河，2014，36（10）：16-19.

[18] 水利部水利局编．江河泥沙测量文集．黄河水利出版社．2000年6月第一版．

[19] 魏晓，汪亚平，杨旸，等．浅海悬沙浓度观测方法的对比研究[J]．海洋地质与第四纪地质，2013，33（1）：161-170.

[20] Chung C C,Lin C P. High concentration suspended sediment measurements using time domain reflectometry[J]. Journal of hydrology,2011,401(1): 134-144.

[21] 雷廷武，张宜清，赵军，等．近红外反射高含量泥沙传感器研制[J]．农业工程学报，2013，29（7）：51-56.

[22] Siadatmousavi S M,Jose F,Chen Q,et al. Comparison between optical and acoustical estimation of suspended sediment concentration: Field study from a muddy coast[J]. Ocean Engineering,2013,72: 11-24.

[23] Guerrero M,Rüther N,Archetti R. Comparison under controlled conditions between multi-frequency ADCPs and LISST-SL for investigating suspended sand in rivers[J]. Flow Measurement and Instrumentation,2014,37: 73-82.

[24] Gray J R,Gartner J W,Anderson C W,et al. Surrogate t echnologies for monitoring suspended-sediment transport in rivers[J]. Sedimentology of Aqueous Systems,2010: 1.

[25] Berke B,Rakoczi L. Latest achievements in the development of nuclear suspended sediment gauges[C]//Proceedings of the Florence Symposium,IAHS. 1981.

[26] Wren D G,Barkdoll B D,Kuhnle R A,et al. Field techniques for suspended-sediment measurement[J]. Journal of Hydraulic Engineering,2000,126(2): 97-104.

[27] 刘清坤．γ射线河流泥沙含量及流速自动化监测系统的研究．中国农业大学，2003: 1-47.

[28] 李景修，李黎，李英杰，等．核子测沙试验研究[J]．人民黄河，2008，30（10）：12-14.

[29] 吴永进，韦立新，郭吉堂．γ-射线测沙仪测量浮泥、淤泥容重的新进展[J]，泥沙研究，2009，（6）：60-64.

[30] 王智进，宋海松，刘文．振动式悬移质测沙仪的原理与应用[J]．人民黄河，2004，26（6）：19-20.

[31] 黄建龙，高艳雯，陈文科．基于LabVIEW的振动式悬移质测沙系统[J]．兰州理　工大学学报，2007，33（2）：46-49.

[32] You Z J. Fine sediment resuspension dynamics in a large semi-enclosed bay[J]. Ocean Engineering,2005,32(16): 1982-1993.

[33] Hoitink A J F,Hoekstra P. Observations of suspended sediment from ADCP and OBS measurements in a mud-dominated environment[J]. Coastal Engineering,2005,52(2): 103-118.

[34] Campbell C G,Laycak D T,Hoppes W,et al. High concentration suspended sediment measurements using a continuous fiber optic in-stream transmissometer[J]. Journal of Hydrology,2005,311(1): 244-253.

[35] Wren D G,Barkdoll B D,Kuhnle R A,et al. Field techniques for suspended-sediment measurement[J]. Journal of Hydraulic Engineering, 2000, 126(2): 97-104.

[36] Ochiai S,Kashiwaya K. Measurement of suspended sediment for model experiments using general-purpose optical sensors[J]. Catena,2010,83(1): 1-6.

[37] 李二明，范北林，闵凤阳．几种新型量测仪器在河工模型试验中的应用[J]．人民黄河，2011，33（5）：17-19.

[38] Agrawal Y C,Mikkelsen O A,Pottsmith H C. Sediment monitoring technology for turbine erosion and reservoir siltation applications[C]//Proc Hydro 2011 Conf,Aqua-Media Int Ltd,Prague,Czech Republic. 2011.

[39] Scientific S. LISST-100X particle size analyzer user's manual version 4.65[J]. Sequoia Scientific Inc.,Bellevue,Washington,2008.

[40] Melis T S,Topping D J,Rubin D M. Testing laser-based sensors for continuous in situ monitoring of suspended sediment in the Colorado River,Arizona[J]. IAHS PUBLICATION,2003: 21-27.

[41] Topping D J,Melis T S,Rubin D M,et al. High-resolution monitoring of suspendedsediment concentration and grain size in the Colorado River in Grand

Canyon using a laser-acoustic system[C]//Proceedings of the Ninth International Symposium on River Sedimentation. 2004: 2507-2514.

[42] Williams N D,Walling D E,Leeks G J L. High temporal resolution in situ measurement of the effective particle size characteristics of fluvial suspended sediment[J]. Water research,2007,41(5): 1081-1093.

[43] Soler M,Serra T,Casamitjana X,et al. High sedimentation rates in a karstic lake associated with hydrothermal turbid plumes (Lake Banyoles,Catalonia,NE Spain)[J]. Sedimentary Geology,2009,222(1): 5-15.

[44] Haun S,Lizano L. Measurements of spatial distribution of suspended sediment concentrations in a hydropower reservoir[C]//Reservoir sedimentation - special session on reservoir sedimentation of the seventh international conference on fluvial hydraulics,RIVER FLOW. 2014,2014: 63-70.

[45] Haun S,Kjærås H,Løvfall S,et al. Three-dimensional measurements and numerical modelling of suspended sediments in a hydropower reservoir[J]. Journal of hydrology,2013,479: 180-188.

[46] Guerrero M,Rüther N,Szupiany R N. Laboratory validation of acoustic Doppler current profiler (ADCP) techniques for suspended sediment investigations[J]. Flow Measurement and Instrumentation,2012,23(1): 40-48.

[47] Agrawal Y C,Mikkelsen O A,Pottsmith H C. Grain size distribution and sediment flux structure in a river profile,measured with a LISST-SL Instrument[J]. Sequoia Scientific,Inc. Report,2012.

[48] Haun S,Rüther N,Baranya S,et al. Comparison of real time suspended sediment transport measurements in river environment by LISST instruments in stationary and moving operation mode[J]. Flow Measurement and Instrumentation,2015,41: 10-17.

[49] Felix D,Albayrak I,Boes R M. Laboratory investigation on measuring suspended sediment by portable laser diffractometer (LISST) focusing on particle shape[J]. Geo-Marine Letters,2013,33(6): 485-498.

[50] 赵昕，田岳明，徐汉光．激光类测沙仪在长江泥沙测验中的应用[J]．水文，2011，31（1）：117-120.

[51] 杜耀东，宋星原．基于LISST的水库泥沙现场监测报汛系统[J]．武汉大学学报（工学版），2012，45（1）：21-24.

[52] 苏杭丽．颗粒浑液浓度的光学测量方法[J]．河海大学学报（自然科学版），

2014，42（3）：234-237.

[53] Thorne P D, Hay A E. Introduction to the Special Issue of Continental Shelf Research on 'The application of acoustics to sediment transport processes'[J]. Continental Shelf Research,2012,46: 1.

[54] Thorne P D,Hurther D. An overview on the use of backscattered sound for measuring suspended particle size and concentration profiles in non-cohesive inorganic sediment transport studies[J]. Continental Shelf Research,2014,73: 97-118.

[55] Gordon L. Acoustic Doppler current profiler-Principles of operation: A practical primer: RD Instruments[J]. San Diego,CA,1996.

[56] Moore S A,Le Coz J,Hurther D,et al. On the application of horizontal ADCPs to suspended sediment transport surveys in rivers[J]. Continental Shelf Research,2012,46: 50-63.

[57] Moore S A,Le Coz J,Hurther D,et al. Using multi-frequency acoustic attenuation to monitor grain size and concentration of suspended sediment in rivers[J]. The Journal of the Acoustical Society of America,2013,133(4): 1959-1970.

[58] Simmons S M,Parsons D R,Best J L,et al. Monitoring suspended sediment dynamics using MBES[J]. Journal of Hydraulic Engineering,2010: 45-49.

[59] Hurther D,Thorne P D. Suspension and near - bed load sediment transport processes above a migrating,sand - rippled bed under shoaling waves[J]. Journal of Geophysical Research: Oceans (1978 – 2012),2011,116(C7).

[60] Betteridge K F E,Thorne P D,Cooke R D. Calibrating multi-frequency acoustic backscatter systems for studying near-bed suspended sediment transport processes[J]. Continental Shelf Research,2008,28(2): 227-235.

[61] Landers M N. Review of methods to estimate fluvial suspended sediment characteristics from acoustic surrogate metrics[C]//Proceedings of the 2nd Joint Federal Interagency Conference. 2010,2:1-2.

[62] Bolaños R,Thorne P D,Wolf J. Comparison of measurements and models of bed stress,bedforms and suspended sediments under combined currents and waves[J]. Coastal Engineering,2012,62: 19-30.

[63] Hay A E,Zedel L,Cheel R,et al. On the vertical and temporal structure of flow and stress within the turbulent oscillatory boundary layer above evolving sand ripples[J]. Continental Shelf Research,2012,46: 31-49.

[64] Murray R B O H,Hodgson D M,Thorne P D. Wave groups and sediment resuspension processes over evolving sandy bedforms[J]. Continental Shelf Research,2012,46: 16-30.

[65] 张志林，许朝勇，黎炎庆，等．声学多普勒流速仪输沙率测验在长江上中游应用试验研究[J]．水文，2011，31（1）:103-108.

[66] Richards S D,Leighton T G,Brown N R. Sound absorption by suspensions of nonspherical particles: Measurements compared with predictions using various particle sizing techniques[J]. The Journal of the Acoustical Society of America,2003,114(4): 1841-1850.

[67] 张叔英，钱炳兴．高浓度悬浮泥沙的声学观测[J]．海洋学报，2003，25（6）：54-60.

[68] 胡博．超声波测量河流泥沙含量的算法研究[D]．郑州：郑州大学物工程学院，2005.

[69] 吴新生，廖小永，黄卫东．新型在线泥沙粒度与含沙量测控系统设计[J]．人民长江，2011，42（23）：51-53.

[70] 李小昱，雷廷武，王为．电容式传感器测量水流泥沙含量的研究．土壤学报．2002，39（3）：429-435.

[71] HSU Y S,Wei C M,Ting Y C,et al. Capacitive sensing technique for silt suspended sediment concentration monitoring[J]. International Journal of Sediment Research,2010,25(2): 175-184.

[72] 张明社.电容式传感器测量含沙量信息融合的研究[D]．咸阳：西北农林科技大学，2003.

[73] Shen Y,Li X Y,Lei T W. Data Fusion of Capacitance Sensor of Sediment Concentration in Water Current[J]. Journal of Huazhong Agricultural University (China),2004:459-462.

[74] Mertes L A K. Remote sensing of riverine landscapes[J]. Freshwater Biology,2002,47(4): 799-816.

[75] Wang J J,Lu X X. Estimation of suspended sediment concentrations using Terra MODIS: An example from the Lower Yangtze River,China[J]. Science of the Total Environment,2010,408(5): 1131-1138.

[76] Markham B L,Helder D L. Forty-year calibrated record of earth-reflected radiance from Landsat: A review[J]. Remote Sensing of Environment,2012,122: 30-40.

[77] Mangiarotti S,Martinez J M,Bonnet M P,et al. Discharge and suspended sediment flux estimated along the mainstream of the Amazon and the Madeira Rivers (from in situ and MODIS Satellite Data)[J]. International Journal of Applied Earth Observation and Geoinformation,2013,21: 341-355.

[78] Villar R E,Martinez J M,Le Texier M,et al. A study of sediment transport in the Madeira River,Brazil,using MODIS remote-sensing images[J]. Journal of South American Earth Sciences,2013,44: 45-54.

[79] Irons J R,Dwyer J L,Barsi J A. The next Landsat satellite: The Landsat data continuity mission[J]. Remote Sensing of Environment,2012,122: 11-21.

[80] Loveland T R,Dwyer J L. Landsat: Building a strong future[J]. Remote Sensing of Environment,2012,122: 22-29.

[81] Montanher O C,Novo E M L M,Barbosa C C F,et al. Empirical models for estimating the suspended sediment concentration in Amazonian white water rivers using Landsat 5/TM[J]. International Journal of Applied Earth Observation and Geoinformation,2014,29: 67-77.

[82] 王繁．河口水体悬浮物固有光学性质及浓度遥感反演模式研究[D]．杭州：浙江大学，2008.

[83] 张宏．长江口深水航道及附近海域表层悬浮泥沙光谱特性遥感研究[D]．上海：上海海洋大学，2010.

[84] Sumi T,Morita S,Ochi T,et al. Development of the suspended sediment concentration measuring system with differential pressure transmitter[J]. Dam Engineering,2001,11(3): 4-12.

[85] 马志敏，邹先坚，赵小红.基于B 超成像的低含沙量测量[J]．应用基础与工程科学学报，2013，21（4）：796-803.

[86] 胡向阳，许明，邹先坚. B超在含沙量及其垂线分布测量中的首次应用[J]．长江科学院院报，2014，31（2）：12-15.

[87] Zou X,Ma Z,Zhao X,et al. B-scan ultrasound imaging measurement of suspended sediment concentration and its vertical distribution[J]. Measurement Science and Technology,2014,25(11): 1-10.

[88] 刘明堂，司孝平. 基于物联网的黄河含沙量数据融合技术研究[J]. 泥沙研究，2012，（4）：6-10.

[89] Yamada M,Tosa S. Introduction of web-based remote-monitoring system and its application to landslide disaster prevention[C]//The 10th International

Symposium on Landslides And Engineered Slopes. Xi An,China. 2008: 1349-1353.

[90] Duffy M,Hill C,Whitaker C,et al. An automated and integrated monitoring program for Diamond Valley Lake in California[C] . The 10th FIG International Symposium on Deformation Measurements,2001,3:1-21.

[91] Lee J S. Installation of real-time monitoring system for high-speed railroad tunnel[J]. J. Korean Tunnel. Assoc,2001,3: 63-67.

[92] 沈彩平．关于物联网的水文监测系统设计分析[J]．中国水运，2014，14（2）：115-118.

[93] 马茜，谷峪，张天成，等．一种基于数据质量的异构多源多模态感知数据获取方法[J]．计算机学报，2013，36（10）：2120-2131.

[94] 徐树生．船舶动力定位系统多传感器信息融合方法研究[D]．哈尔滨：哈尔滨工业大学，2013.

[95] 黄铫，张天骐，李越雷，等．分布式多传感器融合跟踪[J]．火力与指挥控制．2011，36（6）：8-13.

[96] 林雪原．无反馈多级式多传感器组合导航系统[J]．中国空间科学技术，2012，（1）：21-26.

[97] 孙兴．基于多传感器融合的车道线检测技术的研究与应用[D]．沈阳：东北大学，2009.

[98] 李辉，潘恺，张新．基于模糊理论的多传感器信息融合算法[J]．计算机工程与应用，2012，48（10）：128-131.

[99] 柳毅，赵振宇，丁全心，等．基于子波变换的多传感器最优信息融合估计[J]．系统仿真学报，2012，24（6）：1264-1268.

[100] 刘跃峰，赵振宇，陈哨东，等．子波域多传感器并行分布式信息融合仿真研究[J]．系统仿真学报，2013，25（6）：1226-1230.

[101] 周雪梅．基于多尺度估计理论的组合导航系统研究[D]．哈尔滨：哈尔滨工程大学，2006.

[102] Nützi G,Weiss S,Scaramuzza D,et al. Fusion of IMU and vision for absolute scale estimation in monocular SLAM[J]. Journal of intelligent & robotic systems,2011,61(1-4): 287-299.

[103] 张学习，杨宜民．基于多传感器信息融合的移动机器人快速精确自定位[J]．控制理论与应用，2011，28（3）：443-448.

[104] Havlicek M,Friston K J,Jan J,et al. Dynamic modeling of neuronal responses in

fMRI using cubature Kalman filtering[J]. Neuroimage,2011,56(4): 2109-2128.

[105] Wang J,Yan X,Cai B,et al. Research on deeply integrated GPS/INS for autonomous train positioning[C]//Microwave,Antenna,Propagation,and EMC Technologies for Wireless Communications (MAPE),2011 IEEE 4th International Symposium on. IEEE,2011: 687-690.

[106] Tseng C H,Chang C W,Jwo D J. Fuzzy adaptive interacting multiple model nonlinear filter for integrated navigation sensor fusion[J]. Sensors,2011,11(2): 2090-2111.

[107] Noureldin A,El-Shafie A,Bayoumi M. GPS/INS integration utilizing dynamic neural networks for vehicular navigation[J]. Information Fusion,2011,12(1): 48-57.

[108] Mingtang L,Hui Y,Libin F,et al. The Online System for Measuring Sediment Concentration Based on Data Fusion Technology[J]. Affective Computing and Intelligent Interaction. Springer Berlin Heidelberg,2012: 449-455.

[109] Llinas J,Liggins M E,Hall D L. Handbook of multisensor data fusion: theory and practice (second edition) [M]. New York: CRC Press,2008.

[110] 何友，王国宏，彭应宁，等．多传感器信息融合及应用．2版[M]．北京：电子工业出版社，2010.

[111] Willsky A S. Multiresolution Markov models for signal and image processing[J]. Proceedings of the IEEE,2002,90(8): 1396-1458.

[112] 胡战虎，李言俊，王蜂，等．多尺度数据融合算法及其应用[J]，西北工业大学学报，2000，18（2）：320-323.

[113] 柯熙政，刘娟花．一种多尺度数据融合模型的工程实践与相关理论问题[J]．西安理工大学学报，2012（08）：20-30.

[114] Benveniste A,Nikoukhah R,Willsky A S. Multiscale system theory[J]. Circuits and Systems I: Fundamental Theory and Applications,IEEE Transactions on,1994,41(1): 2-15.

[115] Chou K C,Willsky A S,Benveniste A. Multiscale recursive estimation,data fusion,and regularization[J]. Automatic Control,IEEE Transactions on,1994, 39(3): 464-478.

[116] Hong L,Cong S,Wicker D. Multirate interacting multiple model (MRIMM) filtering with out-of-sequence GMTI data[J]. IEEE Proceedings-Radar,Sonar and Navigation,2003,150(5): 333-343.

[117] Ramasamy S K,Raja J. Performance evaluation of multi-scale data fusion methods for surface metrology domain[J]. Journal of Manufacturing Systems,2013,32(4): 514-522.

[118] Judah A,Hu B,Wang J. An Algorithm for Boundary Adjustment toward Multi-Scale Adaptive Segmentation of Remotely Sensed Imagery[J]. Remote Sensing,2014,6(5): 3583-3610.

[119] 杨志，毛士艺，陈炜. 基于人工视觉对比度掩模的鲁棒图像融合系统[J]. 电路与系统学报，2007，12（5）：1-6.

[120] 文成林，周东华，潘泉，等. 多尺度动态模型单传感器动态系统分布式信息融合[J]. 自动化学报，2001，27（2）：158-165.

[121] 任亚飞，柯熙政. 基于小波熵的组合定位系统数据融合[J]. 弹箭与制导学报，2007，27（1）：50-53.

[122] 柯熙政，任亚飞. 多尺度多传感器融合算法在微机电陀螺数据处理中的应用[J]，兵工学报，2009，30（7）：994-998.

[123] Wang G,Dai D. Algorithm of Multi Sensor Data Fusion based on BP Neural Network and Multi-scale Model Predictive Control[J]. TELKOMNIKA Indonesian Journal of Electrical Engineering,2014,12(7): 5316-5323.

[124] 张艳艳. 黄河水沙及河床演变的多时间尺度研究[D]. 北京：清华大学，2012.

[125] 文成林. 多尺度动态建模理论及其应用[M]. 北京：科学出版社，2008.

[126] Li W,Jia Y,Du J. Diffusion Kalman filter for distributed estimation with intermittent observations[C]//American Control Conference (ACC),2015. IEEE,2015: 4455-4460.

[127] Khaleghi B,Khamis A,Karray F O,et al. Multisensor data fusion: A review of the state-of-the-art[J]. Information Fusion,2013,14(1): 28-44.

[128] Jia R S,Liu C,Sun H M,et al. A situation assessment method for rock burst based on multi-agent information fusion[J]. Computers & Electrical Engineering,2015,45: 22-32.

[129] Dong H,Wang Z,Lam J,et al. Distributed filtering in sensor networks with randomly occurring saturations and successive packet dropouts[J]. International Journal of Robust and Nonlinear Control,2014,24(12): 1743-1759.

[130] Feng J,Wang T,Guo J. Recursive estimation for descriptor systems with

multiple packet dropouts and correlated noises[J]. Aerospace Science and Technology,2014,32(1): 200-211.

[131] Li X R,Zhu Y,Wang J,et al. Optimal linear estimation fusion. I. Unified fusion rules[J]. Information Theory,IEEE Transactions on,2003,49(9): 2192-2208.

[132] Duan Z,Li X R. Lossless linear transformation of sensor data for distributed estimation fusion[J]. Signal Processing,IEEE Transactions on,2011,59(1): 362-372.

[133] Sun S L,Deng Z L. Multi-sensor optimal information fusion Kalman filter[J]. Automatica,2004,40(6): 1017-1023.

[134] Hong L. Multiresolutional filtering using wavelet transform[J]. IEEE Transactions on Aerospace and Electronic Systems,1993,29(4): 1244-1251.

[135] Hlinomaz P,Hong L. A multi-rate multiple model track-before-detect particle filter[J]. Mathematical and Computer Modelling,2009,49(1): 146-162.

[136] 孙书利，崔平远. 多传感器标量加权最优信息融合稳态Kalman滤波器[J]. 控制与决策，2004，19：208-211.

[137] Tian T,Sun S,Li N. Multi-sensor information fusion estimators for stochastic uncertain systems with correlated noises[J]. Information Fusion,2016,27: 126-137.

[138] 邓自立．最优滤波理论及其应用——现代时间序列分析方法[M]．哈尔滨：哈尔滨工业大学出版社，2000.

[139] Bar-Shalom Y. On the track-to-track correlation problem[J]. Automatic Control,IEEE Transactions on,1981,26(2): 571-572.

[140] 权太范．信息融合神经网络——模糊推理理论与应用[M]．北京：国防工业出版社，2002.

[141] 韩崇昭，朱洪艳，段战胜，等．多源信息融合．2版．北京：清华大学出版社，2010.

[142] 曹梦龙，崔平远．高精度自主导航系统重构方案研究与实现．系统工程与电子技术．2008，30（5）：893-899.

[143] 高尚，祝小平．基于联邦滤波的无人机组合导航系统设计．科学技术与工程，2010，10（12）：3018-3021.

[144] Bae J, Yoon S, Kim Y. Fault-Tolerant Attitude Estimation for Satellite using Federated Unscented Kalman Filter[M]//Advances in Spacecraft Technologies. InTech, 2011.

[145] 李弼成，黄洁，高世海，等．信息融合技术及其应用．北京：国防工业出版社，2010．

[146] 彭东亮，文成林，薛安克．多传感器多源信息融合理论及应用．北京：科学出版社，2010．

[147] Wu C W, Chung Y N, Chung P C. A hierarchical estimator for object tracking[J]. EURASIP Journal on Advances in Signal Processing, 2010, 2010(1): 592960.

[148] 王志胜，姜斌，甄子洋．融合估计与融合控制．北京：科学出版社，2009

[149] Chong C Y. Hierarchical estimation[C]//Proc. MIT/ONR Workshop on C3. 1979.

[150] 王媛媛，张军，朱衍波，等．一种基于时变噪声统计的异步多速率传感器信息融合算法[J]．海军工程大学学报，2009，21（3）：23-27.

[151] 胡圣波．火箭飞行测量数据多尺度融合处理的理论及应用研究[D]．重庆：重庆大学，2006．

[152] 杨扬．基于多尺度分析的图像融合算法研究[D]．北京：中国科学院大学，2013．

[153] 隆刚，肖磊，陈学．Curvelet变换在图像处理中的应用综述[J]．计算机研究与发展，2005，42（8）：1331-1337.

[154] Donoho D L. Wedgelets: Nearly minimax estimation of edges[J]. The Annals of Statistics,1999,27(3): 859-897.

[155] Candès E J,Donoho D L. Ridgelets: A key to higher-dimensional intermittency?[J]. Philosophical Transactions of the Royal Society of London A: Mathematical,Physical and Engineering Sciences,1999,357(1760): 2495-2509.

[156] Candès E J,Donoho D L. Curvelets: A surprisingly effective nonadaptive representation for objects with edges[M]. Department of Statistics,Stanford University,1999.

[157] Do M N,Vetterli M. The contourlet transform: an efficient directional multiresolution image representation[J]. Image Processing,IEEE Transactions on,2005,14(12): 2091-2106.

[158] Guo K,Labate D. Optimally sparse multidimensional representation using shearlets[J]. SIAM journal on mathematical analysis,2007,39(1): 298-318.

[159] Romberg J K,Wakin M,Baraniuk R. Multiscale wedgelet image analysis: fast

decompositions and modeling[C]//Image Processing. 2002. Proceedings. 2002 International Conference on. IEEE,2002,3: 585-588.
[160] Le Pennec E,Mallat S. Sparse geometric image representations with bandelets[J]. Image Processing,IEEE Transactions on,2005,14(4): 423-438.
[161] Candes E,Demanet L,Donoho D,et al. Fast discrete Curvelet transforms[J]. Multiscale Modeling & Simulation,2006,5(3): 861-899.
[162] Li N, Liu J. Asynchronous data fusion with parallel filtering frame[J]. International Journal of Information Technology and Computer Science (IJITCS), 2011, 3(3): 43.
[163] 邱爱兵，文成林，姜斌．基于异步多传感器采样量测的最优状态融合估计[J]．电子学报，2010，38（7）：1483-1488.
[164] 李毅，陆百川，李雪．基于多尺度Kalman滤波的多传感器数据融合．重庆交通大学学报（自然科学版）．2012，31（2）：299-303.
[165] Parthasarathy S, Sankaran P. Fusion based multi scale RETINEX with color restoration for image enhancement[C]//Computer Communication and Informatics (ICCCI), 2012 International Conference on. IEEE, 2012: 1-7.
[166] 潘泉，张磊，崔培玲，等．动态多尺度系统估计理论与应用．北京：科学出版社，2007.
[167] 林雪原．GPS/SINS 组合导航系统的多尺度融合算法研究．电子科技大学学报．2011，40（5）：686-690.
[168] 高伟，祖悦，王伟，等．基于二代小波的光纤陀螺实时降噪方法研究．仪器仪表学报．2012，33（4）：774-780.
[169] 吕艳新，顾晓辉．多传声器小波多尺度信息融合滤波算法．仪器仪表学报．2012，33（4）：788-794.
[170] Bastys A, Kranauskas J, Krüger V. Iris recognition by fusing different representations of multi-scale Taylor expansion[J]. Computer Vision and Image Understanding, 2011, 115(6): 804-816.
[171] 崔培玲，王桂增，潘泉．基于M带小波的动态多尺度系统融合估计．自动化学报．2007，33（1）：21-27.
[172] 水利部水利局编．江河泥沙测量文集．郑州：黄河水利出版社，2000.
[173] 姜乃森．我国的水土流失与防治[J]．泥沙研究，1997（2）：83-86.
[174] 方彦军，张红梅，程瑛．含沙量测量的新进展[J]．武汉水利电力大学学报，1999，32（3）：55-57.

[175] 单成祥．传感器的理论与设计基础及其应用[M]．北京：国防工业出版社，1999.
[176] 钱意颖，曲少军，曹文洪．黄河泥沙冲淤数学模型[J]．郑州：黄河水利出版社，1998.
[177] 贾志富．声学测量实验．北京：国防工业出版社，1988.
[178] 应崇福．超声学．北京：科学出版社，1990.
[179] 何作镛，赵玉芳．声学理论基础．北京：国防工业出版社，1981.
[180] 刘玉英，刘增厚，任志德，等．用超声技术测量河流含沙量的研究[J]．应用声学，1989，3：004.
[181] 刘明堂，王峰，李黎，等．"模型黄河"含沙量在线检测系统设计[J]．微计算机信息，2009（19）：58-59.
[182] 桂兴春，王华，张滨华．一种音叉式液体密度传感器的研究[J]，自动化仪表，2006，27（3）：28-30.
[183] 董怡，刘明堂，张成才，等．一种采用音频共振原理的黄河含沙量检测装置[P]，中国专利，201520051750.1，2015.7.22.
[184] 倪敏，薛珍美.音叉的速度共振与位移共振曲线的测量和研究[J]，实验室研究与探索，2010，29（2）：24-26.
[185] 刘其和，李云明．LabVIEW虚拟仪器程序设计和应用[M]．北京：化学工业出版社，2011.
[186] 林静，林振宇，郑福仁．LabVIEW虚拟仪器程序设计从入门到精通[M]．北京：人民邮电出版社，2010.
[187] 廖常初．PLC编程及应用[M]．北京：机械工业出版社，2003.
[188] Labat D. Recent advances in wavelet analyses: Part 1. A review of concepts[J]. Journal of Hydrology,2005,314(1): 275-288.
[189] Chou C M. Wavelet-based multi-scale entropy analysis of complex rainfall time series[J]. Entropy,2011,13(1): 241-253.
[190] 李炜，陈晓辉，毛海杰．小波阈值消噪算法中自适应确定分解层数研究[J]．计算机仿真，2009，26（3）：311-315.
[191] 桑燕芳，王中根，刘昌明．水文序列小波分析中分解层数选择方法[J]．水文，2012，32（4）：1-6.
[192] 栾福明，熊黑钢，王芳，等．基于小波分析的土壤碱解氮含量高光谱反演[J].光谱学与光谱分析，2013，33（10）：2828-2832.
[193] 方美红，居为民.基于叶片光学属性的作物叶片水分含量反演模型研究[J].

光谱学与光谱分析，2015，35（1）：167-171.

[194] 章涛，吴仁彪，李月敏．单传感器多尺度状态融合估计算法[J]．信号处理，2013，29（8）：971-976.

[195] Liu M T,Zhang C C,Liu X M,et al. The study of data fusion for high suspended sediment concentration measuring using the IGA-RBF method[J]. Journal of Intelligent & Fuzzy Systems: Applications in Engineering and Technology,2015,28(2): 605-614.

[196] 王化祥，张淑英．传感器原理及应用[M]．天津：天津大学出版社，2007.2：45-60.

[197] Sumi T,Morita S,Ochi T,et al. Development of the suspended sediment concentration measuring system with differential pressure transmitter[J]. Dam Engineering,2001,11(3): 4-12.

[198] 刘明堂，张成才，田壮壮，等．基于RBF神经网络的黄河含沙量数据融合研究[J]．水利水电技术，2015，45（1）：97-101.

[199] 赵东峰，蒋华义，李占丽．电容式差压变送器误差因素分析[J]．计量装置与应用，2010，1：80-82.

[200] 王军号，孟祥瑞．一种基于改进遗传RBF神经网络的传感器动态特性补偿算法[J]．传感技术学报，2010，23（9）：1298-1302.

[201] De Jong K. Genetic algorithms: a 30 year perspective[J]. Perspectives on Adaptation in Natural and Artificial Systems,2005,11.

[202] Srinivas M,Patnaik L M. Adaptive probabilities of crossover and mutation in genetic algorithms[J]. Systems,Man and Cybernetics,IEEE Transactions on,1994,24(4): 656-667.

[203] Zhu Y C,Shen F. An improvement Adaptive Genetic Algorithm[J]. 2012 International Conference on Education Technology and Computer,2012,41-43.

[204] Jiang J,Jiang T,Zhai S. A novel recognition system for human activity based on wavelet packet and support vector machine optimized by improved adaptive genetic algorithm[J]. Physical Communication,2014,13: 211-220.

[205] Yu S,Kuang S. Fuzzy adaptive genetic algorithm based on auto-regulating fuzzy rules[J]. Journal of Central South University of Technology,2010,17: 123-128.

[206] Liao Z,Mao X,Hannam P M,et al. Adaptation methodology of CBR for environmental emergency preparedness system based on an Improved Genetic

Algorithm[J]. Expert Systems with Applications,2012,39(8): 7029-7040.

[207] ZHAO J,Fei L I,ZHANG X. Parameter adjustment based on improved genetic algorithm for cognitive radio networks[J]. The Journal of China Universities of Posts and Telecommunications,2012,19(3): 22-26.

[208] Yang X,van Ommen J R,Mudde R F. Comparison of genetic algorithm and algebraic reconstruction for X-ray tomography in bubbling fluidized beds[J]. Powder Technology,2014,253: 626-637.

[209] Liu B,Li S C,Nie L C,et al. 3D resistivity inversion using an improved Genetic Algorithm based on control method of mutation direction[J]. Journal of Applied Geophysics,2012,87: 1-8.

[210] Zhang X,Li W,Xi J,et al. Surface defect target identification on copper strip based on adaptive genetic algorithm and feature saliency[J]. Mathematical Problems in Engineering,2013:1-10.

[211] 徐峰，汪洋，杜娟，等．基于时间序列分析的滑坡位移预测模型研究[J]．岩石力学与工程学报，2011，30（4）：746-751.

[212] Wang X,Hu H,Zhang A. Concentration measurement of three-phase flow based on multi-sensor data fusion using adaptive fuzzy inference system[J]. Flow Measurement and Instrumentation,2014,39: 1-8.

[213] 刘莉，叶文．基于BP神经网络时间序列模型的降水量预测[J]．水资源与水工程学报，2010，21（5）：156-159.

[214] 文奴，杨世植，崔生成．基于Curvelet-Wavelet变换高分辨率遥感图像降噪[J]．浙江大学学报（工学版），2015，49（1）：79-86.

[215] Buades A,Le T M,Morel J M,et al. Fast cartoon+ texture image filters[J]. IEEE Transactions on image Processing,2010,19(8): 1978-1986.

[216] Meyer Y. Oscillating patterns in image processing and nonlinear evolution equations: the fifteenth Dean Jacqueline B. Lewis memorial lectures[M]. Boston: American Mathematical Society,2001.

[217] Pogam A L,Hanzouli H,Hatt M,et al. Denoising of PET images by combining wavelets and Curvelets for improved preservation of resolution and quantitation[J]. Medical image analysis,2013,17(8): 877-891.

[218] 夏佩伦．目标跟踪与信息融合[M]．北京：国防工业出版社，2010.

[219] 王美健．基于多模型的机动目标跟踪算法研究[D]．江南大学，2016.

[220] 刘明堂，田壮壮，齐慧勤，等．基于Kalman-BP协同融合模型的含沙量测

量[J]. 应用基础与工程科学学报，2016（5）：970-977.
[221] 钱炳兴，凌鸿烈，孙跃秋，等. 超声波浮泥重度测量仪[J]. 声学技术，2001，20（1）：42-44.
[222] 林康红，施惠昌，卢强，等. 基于神经网络的传感器非线性误差校正[J]. 传感器技术，2002.21（1）：42-43.
[223] 岑红蕾，鲁敏，聂晶. 基于BP神经网络的非线性函数逼近仿真研究[J]. 农业网络信息，2015，1：52-55.
[224] 蒋恩松，李孟超，孙刘杰. 一种基于神经网络的卡尔曼滤波改进方法[J]. 电子与信息学报，2007，29（9）：4-6.
[225] 陈善广，鲍勇. BP神经网络学习算法研究[J]. 应用基础与工程科学学报，1995，3（4）：437-442.
[226] 朱金善，孙立成，尹建川，等. 基于神经网络的船舶号灯识别模型与仿真[J]. 应用基础与工程学学报，2012，20（3）：455-463.
[227] 刘佳佳，彭鹏. 基于Kalman滤波融合算法的某坝基水平位移分析[J]. 郑州大学学报（工学版），2010，31（3）：110-114.
[228] 赵拥军，张严肖，王振兴. 浑水浊度自动测控系统的实现. 测控技术，1999（1）：54-5
[229] 李杰. 物联网中无线传感器节点和RFID数据融合的方法[J]. 电子设计工程，2011，（2）：103-106.
[230] 李甲，吴一戒. 基于物联网的数字社区构建方案 [J]. 计算机工程，2011，（13）：262-264.
[231] 刘化君. 物联网关键技术研究[J]. 计算机时代，2010，（7）：4-6.
[232] 王艳菊，王喜年等. 基于电容式传感器的储液智能化测量系统[J]. 微计算机信息，2007，（1）：178-150.
[233] 汪荣鑫. 数理统计[M]. 西安：西安交通大学出版社，2004：174-220.
[234] 庞敏，朱伟兴. 基于RBF网络的数据融合在废气数据处理中的应用[J]. 传感器与微系统，2007，（4）：87-89.
[235] 刘明堂，王世志，齐慧勤，等. 基于云计算的黄河含沙量数据融合研究[J]. 人民黄河，2015，37（11）：15-17.
[236] 刘明堂，辛艳辉，李黎，等. 基于电容差压技术的“模型黄河”含沙量检测系统[J]. 人民黄河，2010，（1）：40-42.
[237] 关文波，雷蕾. 基于云计算的数据挖掘之综述研究[J]. 科技视界，2013(33)：208-275.

[238] 高鹏，穆兴民，李锐，等. 黄河河口镇至龙门区间径流、输沙量的灰色预测研究[J]. 干旱区资源与环境，2010，24（8）：53-57.
[239] 刘思峰，谢乃明. 灰色系统理论及其应用[M]. 北京：科学出版社，2013.
[240] 赵燕，周新建. 可编程控制器原理与应用[M]. 北京：北京大学出版社，2006.
[241] 廖常初. 可编程序控制器应用技[M]. 重庆：重庆大学出版社，2002.
[242] 郁汉琪，盛党红，邓东华. 电气控制与可编程序控制器应用技术[M]. 南京：东南大学出社，2003.
[243] Delta DVP Series Programmable Logic Controller Manual[M]. Delta Power Company Ltd., 2003.
[244] 杨汉塘. 流速仪运动方程主参数K值的一点检定法[J]. 水利水电科技进展，1995，15（5）：45-48.
[245] 杜文成，田连生. 流速仪在垂直偏角情况下测速误差的研究[J]. 水文，2000，20（1）：31-34.
[246] Delta DVP06XA Manual[M]. Delta Power Company Ltd., 2003.
[247] Delta DVPPS01 User Manual[M]. Delta Power Company Ltd., 2005.
[248] 基于3DWebGIS技术的地质灾害监测预警研究[D]. 成都：成都理工大学，2012.
[249] 刘明堂. 基于多源多尺度数据融合的黄河含沙量检测模型研究[D]. 郑州：郑州大学，2015.